河（湖）长制系列培训教材

# 河（湖）长制执法监管

河海大学河长制研究与培训中心　组织编写

主　编　晋　海

副主编　顾向一

中国水利水电出版社
www.waterpub.com.cn
·北京·

# 内 容 提 要

遵循水治理体系和治理能力法制化的理念，针对河（湖）长制执法监管过程中存在的问题与不足，本书通过对河（湖）长制工作开展以来取得的成功经验的总结，集中介绍了河（湖）长制执法监管的主体、依据、客体、行为、程序、监督，以及行政执法与刑事司法相衔接等内容，力图从宏观、中观和微观三个层面阐述河（湖）长制执法监管工作的各个方面，以"现实案例引入-相关知识讨论-情境模拟分析-课后习题"的形式，启发引导学员主动思考，循序渐进地掌握河（湖）长制执法监管的相关知识。

本书主要供各级河（湖）长及相关行政执法人员在河（湖）长制执法监管工作中参考使用。

## 图书在版编目（CIP）数据

河（湖）长制执法监管 / 晋海主编；河海大学河长制研究与培训中心组织编写. -- 北京：中国水利水电出版社，2020.11
河（湖）长制系列培训教材
ISBN 978-7-5170-9080-9

Ⅰ.①河… Ⅱ.①晋… ②河… Ⅲ.①河道整治-水法-行政执法-中国-技术培训-教材 Ⅳ.①D922.66

中国版本图书馆CIP数据核字(2020)第213313号

| 书　　名 | 河（湖）长制系列培训教材<br>**河（湖）长制执法监管**<br>HE (HU) ZHANGZHI ZHIFA JIANGUAN |
|---|---|
| 作　　者 | 河海大学河长制研究与培训中心　组织编写<br>主编　晋海　　副主编　顾向一 |
| 出版发行 | 中国水利水电出版社<br>（北京市海淀区玉渊潭南路1号D座　100038）<br>网址：www.waterpub.com.cn<br>E-mail：sales@waterpub.com.cn<br>电话：(010) 68367658（营销中心） |
| 经　　售 | 北京科水图书销售中心（零售）<br>电话：(010) 88383994、63202643、68545874<br>全国各地新华书店和相关出版物销售网点 |
| 排　　版 | 中国水利水电出版社微机排版中心 |
| 印　　刷 | 北京瑞斯通印务发展有限公司 |
| 规　　格 | 184mm×260mm　16开本　9.75印张　237千字 |
| 版　　次 | 2020年11月第1版　2020年11月第1次印刷 |
| 印　　数 | 0001—3000册 |
| 定　　价 | **55.00元** |

# 序

　　江河湖泊是水资源的重要载体，是生态系统和国土空间的重要组成部分，是经济社会发展的重要支撑，具有不可替代的资源功能、生态功能和经济功能。2016 年 11 月，中共中央办公厅　国务院办公厅印发《关于全面推行河长制的意见》（厅字〔2016〕42 号）（以下简称《意见》）。2017 年 12 月，中共中央办公厅　国务院办公厅印发《关于在湖泊实施湖长制的指导意见》（厅字〔2017〕51 号）。全面推行河长制、湖长制是落实绿色发展理念、推进生态文明建设的内在要求，是解决我国复杂水问题、维护河湖健康生命的有效举措，是完善水治理体系、保障国家水安全的制度创新。

　　全面推行河长制一年来，地方各级党委政府作为河湖管理保护责任主体，各级水利部门作为河湖主管部门，深刻认识到全面推行河长制的重要性和紧迫性，切实增强使命意识、大局意识和责任意识，扎实做好全面推行河长制各项工作。水利部党组高度重视河长制工作，建立了十部委联席会议机制、河长制工作月调度机制和部领导牵头、司局包省、流域机构包片的督导检查机制。2017 年 5 月和 2018 年 1 月，两次在北京召开全面推行河长制工作部际联席会议全体会议。一年来，水利部会同联席会议各成员单位迅速行动、密切协作，第一时间动员部署，精心组织宣传解读，与环境保护部联合印发《贯彻落实〈关于全面推行河长制的意见〉实施方案》（水建管函〔2016〕449 号）（以下简称《方案》），全面开展督导检查，加大信息报送力度，建立部际协调机制。地方各级党委、政府和有关部门把全面推行河长制作为重大任务，主要负责同志亲自协调、推动落实。全国各地上下发力，水利、环保等部门联动。水利部成立了"全面推进河长制工作领导小组办公室"（以下简称"部河长办"），全国各地成立了省、市、县三级河长制办公室。

　　一年来，水利部会同有关部门多措并举、协同推进，地方党委政府担当尽责、狠抓落实，全面推行河长制工作总体进展顺利，取得了重要的阶段性成果。在方案制度出台方面，31 个省、自治区、直辖市和新疆生产建设兵团的省、市、县、乡四级工作方案全部印发实施，省、市、县配套制度全部出台。各级部门结合实际制定出台了水资源条例、河道管理条例等地方性法规，对河长巡河履职、考核问责等做出明确规定。在河长体系构建方面，全国已明确省、市、县、乡四级河长超过32万名，其中省级河长336人，55名省级党政主要负责同志担任总河长。各地还因地制宜设立村级河长68万名。在河湖监管保护方面，各地加快完善河湖采砂管理、水域岸线保护、水资源保护等规划，严格河湖保护和开发界线监管，强化河湖日常巡查检查和执法监管，加大对涉河湖违法、违规行为的打击力度。在开展专项行动方面，各地坚持问题导向，积极开展河湖专项整治行动，有的省份实施"生态河湖行动""清河行动"，河湖水质明显提升；有的省份开展消灭垃圾河专项治理，"黑、臭、脏"水体基本清除；有的省份实行退圩还湖，湖泊水面面积不断增加。在河湖面貌改善方面，通过实施河长制，很多河湖实现了从"没人管"到"有人管"、从"多头管"到"统一管"、从"管不住"到"管得好"的转变，推动解决了一大批河湖管理难题，全社会关爱河湖、珍惜河湖、保护河湖的局面基本形成，河畅、水清、岸绿、景美的美丽河湖景象逐步显现。全国23个省份已在2017年年底前全面建立河长制，8个省份和新疆生产建设兵团在2018年6月底前全面建立河长制，中央确定的2018年年底前全面建立河长制任务有望提前实现。

一年来，水利部河长办、河海大学多次举办河长制培训班；各省、地或县均按各自的需求举办河长制培训班；各相关机构联合举办了多场以河长制为主题的研讨会。上下各级积极组织宣传工作。2017年4月28日，河海大学成立"河长制研究与培训中心"。2017年6月27日修订发布的《中华人民共和国水污染防治法》第五条写道："省、市、县、乡建立河长制，分级分段组织领导本行政区域内江河、湖泊的水资源保护、水域岸线管理、水污染防治、水环境治理等工作"，河长制纳入到法制化轨道。

总体来看，全国各地河长制工作全面开展，部分地区已结合实际情况在体制机制、政策措施、考核评估及信息化建设等方面取得了创新经验，形成了"水陆共治，部门联治，全民群治"的氛围，各地形成了"政府主导，属地负责，行业监管，专业管护，社会共治"的格局。河长制工作取得了很大进展和成效，但在全面推行河长制工作过程中，也发现存在一些苗头性的问题。有的地方政府存在急躁情绪，想把河湖几十年来积淀下来的问题通过河长制一下子全部解决，不能科学对待河湖管理保护是项长期艰巨的任务，对河湖治理的科学性认识不足；有的地方河长才刚刚开始履职，一河一策方案还没有完全制定出来，有的地方河长刚刚明确，还没有去检查巡河，各地进展不是很平衡；有的地方对反映的河湖问题整改不及时，整改对策存在一定的局限性等。

为了响应河长制、湖长制《意见》的全面落实和推进，为河（湖）长制工作提供有力支撑和保障，在水利部河长办、相关省河长办的大力支持下，河海大学河长制研究与培训中心会同中国水利水电出版社在先期成功举办多期全国河长制培训班的基础上，通过与各位学员、各级河长及河长办工作人员的沟通交流，广泛收集整理了河（湖）长制资料与信息，汲取已成功实施全面推行河（湖）长制部分省、市的先进做法、好的制度、可操作的案例等，组织参与河（湖）长制研究与培训教学的授课专家编写了"河（湖）长制系列培训教材"，培训教材共计 10 本，分别为：《河长制政策及组织实施》《水资源保护与管理》《河湖水域岸线管理保护》《水污染防治》《水环境治理》《水生态修复》《河（湖）长制执法监管》《河（湖）长制信息化管理理论与实务》《河（湖）长制考核》《湖长制政策及组织实施》。相信通过这套系列教材的出版，能进一步提高河（湖）长制工作人员的工作能力和业务水平，促进河（湖）长制管理的科学化与规范化，为我国河湖健康保障做出应有的贡献。

# 前言

自中共中央办公厅 国务院办公厅印发《关于全面推行河长制的意见》（厅字〔2016〕42号）和《关于在湖泊实施湖长制的指导意见》（厅字〔2017〕51号）以来，全国各地河（湖）长制工作全面展开，部分地区已结合实际情况在体制机制、政策措施、考核评估及信息化建设等方面取得了创新经验。目前，我国的河（湖）长制研究，特别是河（湖）长制执法监管研究，尚处于初期阶段，成果较少，也未出现相应的培训教材，这制约了河（湖）长制执法监管的全面准确推行。

本书遵循水治理体系和治理能力法制化的理念，针对河（湖）长制执法监管过程中存在的问题与不足，通过河（湖）长制工作开展以来取得的成功经验的总结，集中阐述河（湖）长制执法监管的主体、依据、客体、行为、程序、监督以及行政执法与刑事司法相衔接等内容，力图从宏观、中观和微观三个层面覆盖河（湖）长制执法监管工作的各个方面，以理论、制度、案例（事例）、思考等为逻辑展开论述，既有对河（湖）长制执法监管工作的全局把握，也从执法监管工作的不同情境出发，系统选取教学内容，还针对执法监管工作中的具体问题，提出妥实的解决方案。体例上，本书总体上按照章节结构，设计了"现实案例引入–相关知识讨论–情境模拟分析–课后习题"的形式，期望启发与引导学员主动思考，循序渐进地掌握河（湖）长制执法监管的相关知识。

基于河（湖）长制执法监管的工作目标和工作过程，依据执法监管过程的完整性、知识的系统性和现实的适用性，本书按以下结构展开：第一章"导论"，重点介绍河（湖）长制的产生背景与发展历程，分析河（湖）长制的组织形式和工作任务，阐述河（湖）长制执法监管的内涵、特征与意义；第二章"河（湖）长制监管执法主体"，重点辨析河（湖）长制监管主体与执法主体的内涵与外延，阐述河（湖）长制执法监管体制、人员保障、联合执法等问题；第三章"河（湖）长制执法监管的依据"，重点讲解河（湖）长制执法监管所依据的党内法规、国家法律法规、地方性法规等规范性文件，建立和健全法规制度；第四章"河（湖）长制执法监管的客体"，重点阐释河（湖）长制行政执法客体的内涵及认定要件，并对河（湖）长制执法监管客体进行了类型化分析；第五章"河（湖）长制执法监管行为"，重点阐述水行政许可、水行政处罚、水行政强制与水行政日常监管巡查的概念、特征、程序等内容，分析现行制度存在的问题，提出完善建议；第六章"河（湖）长制执法监管的监督"，重点分析对河（湖）长制执法监管的监督主体、监督依据、监督形式、监督途径等内容，保证执法监管在法治轨道上进行，做到依法监管，监管者被监督；第七章"行政执法与刑事司法的衔接（以非法采砂两法衔接为例）"，重点阐述两法衔接的具体内容、依据、程序等，分析制度问题并提出完善建议。希望本书能够为各地深入推进河（湖）长制执法监管工作提供思路、方法和依据，并为各级河（湖）长、相关工作人员及全社会提供有针对性的学习资料。

　　本书编写组由河海大学法学院从事相关教学、科研的专职教师组成。编写组分工如下：第一章、第三章由顾向一副教授执笔，第二章由吴志红副教授执笔，第四章由李祎恒副教授执笔，第五章由孙海涛副教授执笔，第六章由黄雅屏副教授执笔，第七章由李华琪博士执笔。晋海教授、顾向一副教授统稿全书，并分别担任主编、副主编。

　　本书在编写过程中参考了相关专著和期刊论文，这些资料为本教材编写提供了许多可以借鉴的前期成果，东南大学法学院杨春福教授、南京大学吴卫星教授为本书编写提出了很多中肯的修改建设，在此一并对他们表示衷心的感谢！

　　由于编者水平所限，错漏之处在所难免，欢迎读者批评指正。

# 目录

序

前言

第一章　导论 …………………………………………………………… 1

第一节　河（湖）长制的产生和发展 …………………………… 1

一、河长制诞生的背景 ……………………………………… 1

二、河（湖）长制的发展历程 ……………………………… 3

第二节　河长制的组织形式和工作任务 ……………………… 4

一、河长制的组织形式 ……………………………………… 4

二、河长制的主要任务 ……………………………………… 5

第三节　河长制执法监管的内涵与特征 ……………………… 6

一、河长制执法监管的内涵 ………………………………… 6

二、河长制执法监管的特征 ………………………………… 7

第四节　推行河（湖）长制执法监管的意义 ………………… 9

一、全面落实河（湖）长制执法"强监管"是推进生态文明体制改革

的重大举措 ………………………………………………… 9

二、全面推行河（湖）长制执法"强监管"是破解我国复杂水问题的

有力抓手 ………………………………………………… 10

三、加强河湖执法监管是提升水政执法监管能力的内在要求 …… 11

四、强化河湖执法监管体制建设是完善水行政管理体系的关键环节 …… 11

第二章　河（湖）长制监管执法主体 ………………………… 13

第一节　河（湖）长制监管主体 ……………………………… 14

一、监管与监管主体概述 …………………………………… 14

二、河长制监管主体概述 …………………………………… 16

三、河长 …………………………………………………… 16

四、河长制办公室 ………………………………………… 19

五、河长制其他监管主体 ………………………………… 21

六、各有关部门和单位 …………………………………… 21

第二节　水行政执法与水行政执法主体 ……………………… 23

一、行政执法与行政执法主体概述 ……………………… 23

二、水行政执法概述 ……………………………………… 24

三、水行政执法主体 ………………………………………………… 25

四、水行政执法机构 ………………………………………………… 26

五、水行政执法人员 ………………………………………………… 27

第三节 河（湖）长制下的行政执法主体 ………………………… 28

一、河（湖）长制对行政执法的要求 …………………………… 28

二、水行政执法对河（湖）长制执法要求的应对 ……………… 29

三、联合执法、综合执法改革与河湖执法 ……………………… 29

思考题 ……………………………………………………………… 32

第三章 河（湖）长制执法监管的依据 ……………………………… 33

第一节 河（湖）长制执法监管相关的环境政策 ………………… 35

一、国家层面的政策 ………………………………………………… 35

二、地方规范性文件 ………………………………………………… 35

第二节 河（湖）长制执法监管的法律体系 ……………………… 40

一、相关法律规定 …………………………………………………… 41

二、行政法规、部门规章及地方性法规、规章 ………………… 41

第三节 河（湖）长制执法监管的具体依据 ……………………… 45

一、水资源保护监管的依据 ……………………………………… 45

二、水域岸线管理保护监管的依据 ……………………………… 46

三、水污染防治监管的依据 ……………………………………… 48

四、水环境治理监管的依据 ……………………………………… 49

五、水生态修复监管的依据 ……………………………………… 50

思考题 ……………………………………………………………… 54

第四章 河（湖）长制执法监管的客体 ……………………………… 56

第一节 河（湖）长制执法监管客体的要素 ……………………… 57

一、行政执法客体的概念 ………………………………………… 57

二、行政执法客体的认定 ………………………………………… 58

第二节 河长制执法监管客体的法律类型 ………………………… 61

一、违反水资源管理的水事违法行为 …………………………… 61

二、违反河湖管理的水事违法行为 ……………………………… 63

三、违反水工程管理的水事违法行为 …………………………… 66

四、违反水土保持管理的水事违法行为 ………………………… 68

五、违反水文管理的水事违法行为 ……………………………… 69

六、违反水利建设管理的水事违法行为 ………………………… 70

七、违反水污染防治管理的水事违法行为 ……………………… 71

思考题 ……………………………………………………………… 77

第五章 河（湖）长制执法监管行为 ………………………………… 78

第一节 水行政处罚 ………………………………………………… 79

一、水行政处罚概述 ·························· 79

二、我国水行政处罚的现状与存在问题分析 ············ 80

三、完善我国水行政处罚制度的建议 ············· 82

第二节 水行政许可 ···························· 84

一、水行政许可的概念与特征 ················· 84

二、水行政许可存在的问题 ·················· 87

三、完善水行政许可制度的建议 ················ 88

第三节 水行政强制 ···························· 90

一、水行政强制概述 ······················ 90

二、水行政强制制度存在的问题 ················ 91

三、完善水行政强制制度的建议 ················ 92

第四节 水行政日常监管巡查制度 ··················· 93

一、水行政日常监管巡查制度概述 ··············· 93

二、水行政日常监管巡查制度存在的问题分析 ·········· 98

三、水行政日常监管巡查制度的完善对策 ············ 99

思考题 ·································· 102

第六章 河（湖）长制执法监管的监督 ·············· 103

第一节 河（湖）长制执法监管监督概述 ··············· 104

一、行政执法监管监督的背景 ················· 104

二、行政执法监管监督的理论基础 ··············· 105

三、行政执法监管监督的概念与特征 ············· 106

第二节 河（湖）长制执法监管监督的法律依据 ············ 107

一、宪法和法律 ························ 107

二、行政法规、地方性行政法规和规章 ············ 108

第三节 河（湖）长制执法监管监督的方式 ·············· 109

一、司法机关对水行政执法监管的监督制度 ··········· 110

二、其他专门机关对水行政执法监管监督制度 ·········· 111

三、公民、法人和其他组织对水行政执法监管的监督 ······· 112

四、行政机关内部的监督制度 ················· 112

第四节 加强河（湖）长制执法监管监督体系建设 ··········· 113

一、河（湖）长制执法监管监督体系的不足 ··········· 113

二、加强监督的举措 ····················· 114

思考题 ·································· 117

第七章 行政执法与刑事司法的衔接（以非法采砂两法衔接为例） ···· 118

第一节 非法采砂两法衔接概述 ···················· 120

一、两法衔接的概念与意义 ·················· 120

二、非法采砂两法衔接的法律依据 ………………… 120

三、非法采砂两法衔接的程序内容 ………………… 121

第二节　非法采砂两法衔接存在的问题 ………………… 122

一、非法采砂两法衔接的典型案例 ………………… 122

二、非法采砂涉嫌犯罪案件移送标准模糊 ………………… 124

三、非法采砂两法衔接中行政执法存在的问题 ………………… 125

四、非法采砂案件移送程序的监督不足 ………………… 128

第三节　非法采砂两法衔接的完善建议 ………………… 130

一、明确非法采砂涉嫌犯罪移送标准 ………………… 130

二、提高两法衔接机制效率 ………………… 131

三、加强两法衔接机制监督 ………………… 136

思考题 ………………… 140

参考文献 ………………… 141

# 第一章

# 导　论

　　中国特色社会主义进入新时代，水利事业发展也进入了新时代。随着我国经济社会不断发展，水安全中的新老问题仍有待解决，一些新兴问题越来越突出、越来越紧迫。"节水优先、空间均衡、系统治理、两手发力"的十六字治水思路，突出强调要将治水工作重心转到"水利工程补短板、水利行业强监管"上来。加强水利行业监管，是新形势赋予水利工作的历史使命，也是一项涉及面广、触及矛盾深、工作量大、政策性强的系统工程。而加强河湖执法监管既是推进水利工作全链条监管的重要一步，也是突出抓好水利监管的关键环节。2019年全国水利工作会议指出，加强对江河湖泊的监管要以河长制湖长制为抓手，以推动河（湖）长制从"有名"到"有实"为目标，全面监管河湖问题。本章拟从"河（湖）长制""河（湖）长制执法监管"这两个概念出发，对河（湖）长制的产生、发展以及河（湖）长制执法监管的内涵、特征和意义予以阐述。

## 第一节　河（湖）长制的产生和发展

　　河（湖）长制是各地依据现行法律，坚持问题导向，落实地方党政领导河湖管理保护主体责任的一项制度创新。河（湖）长制以保护水资源、保障水安全、防治水污染、改善水环境、修复水生态和加强执法监管为主要任务，通过构建责任明确、协调有序、监管严格、保护有力的河湖管理保护机制，以有效实现生态河湖的治理。从制度构建的渊源来看，最初河长制是从河流水质改善领导督办制、环保问责制衍生出来的水污染治理制度，该制度不仅使各级党委政府的生态责任更加明确，亦可提升各级党委和政府的执行力。该制度能有效调动和配置相关行政部门的力量和资源，集中力量参与治理水污染，进而优化水资源系统、水生态系统，在全社会形成共同治水的良好氛围。它的有效实施有助于政府以壮士割腕的实际行动转变经济发展方式，使科学发展观真正落地生根，人与自然生态环境的关系更加和谐。从制度设计层面来看，河长制具有四个方面的特征：以流域的自然属性（流域空间）为基本管理单位、一体化管理、动态管理和党政主要领导干部的责任制。就目前我国的河流治理而言，河长制找准了我国水治理体系的痛点，抓住了一直以来河流治理过程中"缺乏整体性考量和统一价值取向，没有必要的协调与整合"的根源性问题。

### 一、河长制诞生的背景

　　河长制的产生主要有两方面的原因，从表面看，河长制是应对水资源供求不平衡、水资源安全问题、水资源污染等各种水环境危机的应急之策。但细究其深层次的原因，水危机事件也许只是河长制产生的"导火索",河长制的诞生与水行政管理体制的"分散性"有着直接的关系。

就水资源环境而言,我国江河、湖泊众多,源远流长。根据我国2011年水利普查数据,我国共有河流45203条(流域面积50km²以上),湖泊2865个,水资源总量较为丰富。然而,我国一些地方重开发轻保护、围垦湖泊、侵占河道,河湖水域被挤占问题比较突出,引发了一系列水资源危机。

首先,水资源的供求关系紧张,水资源供给的有限性与经济快速发展所决定的水资源需求的递增性之间的矛盾十分尖锐,目前水资源利用技术水平、水资源分配效率的低下导致了水资源整体效率低下,进一步加剧了水资源的供求矛盾。其次,整体性水环境存在严重的污染现象。一些水资源项目建在岸线保护区、自然保护区内,部分岸线甚至堆放大量固体废弃物,水环境状况堪忧。受工业废水、生活污水以及面源污染等各类污染源的影响,部分河湖水体质量较差。城市河道黑臭问题严重,农村部分河道环境脏乱,40%畜禽粪污未得到资源化利用或无害化处理。最后是水安全问题引发的环境危机。除了水资源供需矛盾和水环境污染问题外,极端气候引发的洪涝灾害频发也给生产和生活带来巨大的威胁。近年来,城市积水内涝问题凸显,"城市看海"现象屡屡发生,对人民群众的生产生活造成了一定影响。2013年杭州城西及余姚市新城发生的涝灾也给群众留下了痛苦的记忆。

河长制产生的深层背景是水行政管理体制层面的制度危机。一是流域管理的"分割治理"格局会导致水行政管理制度难以落实。"生态系统整体性与生态治理分散性"是目前贯穿于流域治理领域的突出矛盾。在这一矛盾的映射下,流域治理模式和管理制度呈现出政府单一主导与治理碎片化并存的现状,并造成了流域治理在多维层面上的"分割"格局。流域水环境管理是一个系统工程,但目前流域整体性治理任务分别由环境保护、建设、水利等不同的部门承担,多个部门相互影响,任何一个部门的政策和行为都可能影响流域水环境管理的效果。在分割治理格局下,各部门在流域水环境管理中进行有效协作较为困难,即便通过大部门体制将流域水环境管理职能尽可能归入单个部门,仍无法避免跨部门的协作问题,因为部门职责边界经常难以划定清晰。"多龙治水"现象严重违背了"山水林田湖是一个生命共同体"的生态理念,由此导致的部门间涉水问题的推诿对流域的有效治理也产生了一定影响。二是流域领域的"公地悲剧"引发了水行政机制的失灵。我国实行单一制的国家结构形式,地方领导在争取上级政府和中央政府支持的过程中不可避免地会引发同级地方政府领导人之间的竞争关系,地方政府在竞争的过程中片面追求GDP而超负荷使用水环境的情况,会导致水资源不断恶化。三是公众参与不足所导致的社会机制失灵。在我国水环境管理的实践过程中,政府"一家独大"的现象会影响多元主体之间平等对话与协商治理平台的建构。从职责划分、权力匹配到顶层设计等一系列工作均为政府承担,社会公众少有机会能够参与其中。加上我国经济发展水平不高、公众参与意识以及参与能力不强等原因,导致社会公众对有关公共事务缺乏了解,更难以参与。虽然近年来公众参与意识显著提高,但其治理力量相对于政府而言仍非常薄弱,公众参与治理的方式、程序、具体权利义务以及责任承担方式并无完善的具体规定。显然,流域治理模式运转过程中多元主体被边缘化的现状依然存在,政府与市场、公众协调一致、上下联动的管理体制亟待建立。

## 二、河（湖）长制的发展历程

河（湖）长制的产生和发展是一个制度演变的过程，大致上可以划分为三个阶段。

第一阶段是个别首创阶段。2007 年太湖蓝藻暴发事件后，无锡市率先出台了河长制。为全力开展太湖流域水环境治理，无锡市印发了《无锡市河（湖、库、荡、汊）断面水质控制目标及考核办法（试行）》，将 79 个河流断面水质检测结果纳入各市（县）、区党政主要负责人政绩考核内容，为无锡市 64 条主要河流分别设立"河长"，由市委、市政府及相关部门领导担任，并初步建立了将各项治污措施落实到位的"河长制"。2008 年，中共无锡市委、无锡市人民政府印发了《关于全面建立"河（湖、库、荡、汊）长制"，全面加强河（湖、库、荡、汊）综合整治和管理的决定》，明确了组织原则、工作措施、责任体系和考核办法，要求在全市范围推行河长制管理模式。随即，江苏省苏州市、常州市及浙江省湖州市长兴县等地迅速跟进，建立河长制，由党政主要负责人担任河长。苏州市委办公室、市政府办公室于 2007 年 12 月印发了《苏州市河（湖）水质断面控制目标责任制及考核办法（试行）》（苏办发〔2007〕85 号），全面实施"河（湖）长制"，实行党政一把手和行政主管部门主要领导责任制。张家港、常熟等地区还建立健全了联席会议制度、情况反馈制度、进展督查制度来推进河长制的实施。2008 年，江苏省政府办公厅下发了《关于在太湖主要入湖河流试行"双河长制"的通知》（苏政中发〔2008〕49 号），明确规定 15 条主要入湖河流由省市两级领导共同担任河长。自此，河长制从无锡市地级市的层面上升到江苏省省级的层面。

第二阶段是局部扩散阶段。江苏省的河长制实践得到各省的响应，其中一些省份取得了突出成绩。2013 年，中共浙江省委、浙江省人民政府印发的《关于全面实施"河长制"进一步加强水环境治理工作的意见》（浙委发〔2013〕36 号）中指出，浙江省为解决水污染问题，努力加强水环境治理，实现了省、市、县、乡、村五级河道"河长制"全覆盖，之后又开展了集"治污水、防洪水、排涝水、保供水、抓节水"于一体的"五水共治"。目前五级联动的"河长制"体系已具雏形，共设立省、市、县、乡和村级河长 5 万多名（省级河长 6 名、市级河长 199 名、县级河长 2688 名、乡镇级河长 16417 名、村级河长 42120 名），由此河长制在全省迅速推进。此后各地纷纷仿效，水利部于 2014 年对河长制做了推介。截至中央文件出台之前，全国 25 个省（自治区、直辖市）开展了河长制探索，其中北京、天津、江苏、浙江、福建、江西、安徽、海南等 8 个省（直辖市）专门出台文件，其余 16 个省（自治区、直辖市）在不同程度上试行河长制，有的在部分市县，有的在部分流域。

第三阶段是全面推行阶段。党的十八大将生态文明建设放在与经济、政治、文化、社会建设同等重要的地位，强调保护江河湖泊，事关人民群众福祉，事关中华民族长远发展。江河湿地是大自然赐予人类的绿色财富，必须倍加珍惜。2015 年颁布的《中共中央国务院关于加快推进生态文明建设的意见》（中发〔2015〕12 号）提出要加快推进生态文明建设，并提出了一系列生态文明制度建设的新理念、新思路、新举措。实施河长制对水生态环境保护、水污染防治具有重要作用，是我国推进生态文明建设的必然要求。2016 年 11 月，中共中央办公厅、国务院办公厅印发《关于全面推行河长制的意见》（厅字

〔2016〕42 号）。该意见由 3 个部分 14 条构成，第一部分"总体要求"阐述了指导思想、基本原则、组织形式和工作职责等 4 条，第二部分"主要任务"阐述了加强水资源保护、加强河湖水域岸线管理保护、加强水污染防治、加强水环境治理、加强水生态修复、加强执法监管等 6 条，第三部分"保障措施"阐述了加强组织领导、健全工作机制、强化考核问责、加强社会监督等 4 条。为深入贯彻党的十九大精神，全面落实《中共中央办公厅、国务院办公厅印发〈关于全面推行河长制的意见〉的通知》要求，进一步加强湖泊管理保护工作。此外，2017 年新修订的《中华人民共和国水污染防治法》填补了河长制在法律层面缺失的漏洞，将有关河长制的内容增加在第五条，即"省、市、县、乡建立河长制，分级分段组织领导本行政区域内江河、湖泊的水资源保护、水域岸线管理、水污染防治、水环境治理等工作。"自此，河长制在全国范围全面推进，这标志着我国河长制建设从地方自由探索阶段迈向了国家建章立制阶段。

除此之外，2017 年 12 月 26 日中共中央办公厅、国务院办公厅印发了《关于在湖泊实施湖长制的指导意见》（厅字〔2017〕51 号），确立了湖长制，再次强调了河湖管理保护的重要性。在湖长制中，湖泊最高层级的湖长是第一责任人，对湖泊的管理保护负总责，要统辞行协调湖泊与入湖河流的管理保护工作。确定湖泊管理保护目标任务，组织制定"一湖一策"方案，明确各级湖长职责，协调解决湖泊管理保护中的重大问题，依法组织整治围垦湖泊、侵占水域、超标排污、违法养殖、非法采砂等突出问题。其他各级湖长对湖泊在本辖区内的管理保护负直接责任，按职责分工组织实施湖泊管理保护工作。《关于在湖泊实施湖长制的指导意见》出台后，各地纷纷为辖区内的湖泊设计"湖长"，对湖泊的管理保护负总责。

截至 2018 年 6 月底，全国 31 个省（自治区、直辖市）已全面建立河（湖）长制，其中部分省份河长制已经设到乡级甚至村级。❶ 大部分地区已经实现了河流流经的每一个地方都有河长进行管理的良好态势。按照中央的要求，通过设置河长制工作机构来协调推进河长制实施的相关工作，也建立了一系列的配套制度，比如河长制会议制度、河长制信息工作制度、河长制督办督察制度等。这些机构和制度的设立对于促进河（湖）长制的实施起到了非常重要的作用。

## 第二节 河长制的组织形式和工作任务

### 一、河长制的组织形式

在"河长制"的组织体系建设方面，通常的做法是把区域与流域结合起来，设立省、市、县、乡四级河长制度，由省级负责同志担任各省（自治区、直辖市）行政区域内主要河湖的河长，并在各河湖所在市、县、乡均分级分段设立河长，由同级负责同志担任❷。

在河长制实践中，河长制的职责分配形式得到了一定发展。从横向职责分配层面来

---

❶ 朱敏：《水利部宣布：全国 31 个省区市全面建立河长制》，载自搜狐网，2018 年 7 月 18 日，https：//www.sohu.com/a/241827215_362042。

❷ 2018 年年底，全国共明确省、市、县、乡四级河长 30 多万名、四级湖长 2.4 万名，设立村级河长 93 万多名，实现了河长、湖长"有名"。

看，部分省市建立"双河长制"，由党委和政府负责人共同担任河长。例如，贵州省、重庆市、上海市等地区要求在省、市、县、乡设立"双河长"，由各级党委书记担任第一总河长，政府首长担任总河长。党委河长负责河道治理事项的决策部署，政府河长负责河道治理事项的具体落实、下级河长的培训及考核、河长制的宣传。从纵向职责分解层面来看，部分省（自治区、直辖市）设置了五级河长制责任体系（表1-1），例如，江苏、浙江、贵州、黑龙江等地区增设村级河长，由村支书或村主任担任，由乡镇人民政府、街道办事处与村级河长以签订协议书的形式进行任命，协议书中明确了村级河长的职责、经费保障以及不履行职责应当承担的责任等事项。村级河长主要负责开展水域保护的宣传教育，对责任河道进行日常巡查，督促落实责任河道日常保洁、护堤等措施，劝阻相关违法行为。

表1-1　　　　　　　　　　四级、五级河长制建设情况梳理

| 建设情况 | 行　政　区　划 |
| --- | --- |
| 设到乡级 | 河北、山西、内蒙古、辽宁、吉林、上海、安徽、福建、山东、湖北、湖南、海南、四川、西藏、陕西、甘肃、宁夏、新疆、新疆兵团 |
| 设到村级 | 北京、天津、黑龙江、江苏、浙江、江西、河南、广东、广西、重庆、贵州、云南、青海 |

就具体的办事机构设置而言，河长制要求县级及以上河长设置相应的河长制办公室，《关于全面推行河长制的意见》第三条指出，各地根据实际情况，县级及以上河长设置相应的河长制办公室。实践中，河长制办公室由本级河长与相关职能部门领导成员组成，本级总河长担任主任，从水务、环保、规划、国土、农业、财政等部门选配或抽调人员作为成员，或委任不同部门作为主要责任联系单位，负责承担对应领域的河长制办公室日常工作。河长办承担具体组织实施工作，各有关部门和单位按职责分工，协同推进各项工作。省河长制办公室设在省水利厅，大部分市、县河长制办公室设在市、县水行政主管部门。河长办定位于河长制工作的日常管理，承担和参与水环境治理的规划论证、截污控源、河道综合整治、水系沟通、产业结构调整、农村环境整治及河容岸貌日常管理等重要工作，对日常水环境问题进行调查、协调、处理和回复，并组织力量对各自区域内的河长制管理河道开展检查考核，掌握水环境综合状况，推进工程建设，督促河长履职。

除了河长、河长办这种制度化的组织外，河长制工作领导小组这种任务型组织形式也被应用于河长制实践中。河长制工作领导小组下设工作巡查、水质监测、督查考核等小组，水利部门领导负责工作巡查，环保部门领导负责水质监测，相关部门领导负责督查考核。河长制工作领导小组发挥着常规性水治理的功能，是河长制得以运行的重要组织保障。

**二、河长制的主要任务**

2016年12月，中共中央办公厅、国务院办公厅印发了《关于全面推行河长制的意见》，在全国范围内推行河长制，该意见在第二部分提出了河长制的六大任务。

（1）该意见提出要加强对水资源的保护。首先，要实行水资源消耗总量和强度双控行动，落实最严格水资源管理制度，严守水资源开发利用控制、用水效率控制、水功能区限

制纳污三条红线；其次，要严格水功能区监督管理，根据水功能区划确定的河流水域纳污容量和限制排污总量，切实监管入河湖排污口，严格控制入河湖排污总量；最后，要全面提高用水效率，在水资源短缺地区、生态脆弱地区要严格限制发展高耗水项目，加快实施农业、工业和城乡节水技术改造，坚决遏制用水浪费。

（2）强化水域岸线管理保护。在水域岸线管理保护方面首先强调严格水域岸线等水生态空间管理，依法划定河湖管理范围；其次，落实规划岸线分区管理要求，强化规划约束和监督管理；最后，要严禁以各种名义侵占河道、围垦湖泊、非法采砂，对岸线乱占滥用、多占少用、占而不用等突出问题开展清理整治，恢复河湖水域岸线生态功能。

（3）全面落实水污染防治。注重加强源头控制，明确河湖水污染防治目标和任务；统筹污染治理，统筹水上、岸上污染治理，完善入河湖排污管控机制和考核体系；除此之外，实施入河排污口整治，排查入河湖污染源，加强综合防治，严格治理工矿企业污染、城镇生活污染、畜禽养殖污染、水产养殖污染、农业面源污染、船舶港口污染，改善水环境质量，优化入河湖排污口布局，实施入河湖排污口整治。

（4）加强水环境治理。要强化水环境质量目标管理，按照水功能区确定各类水体的水质保护目标；切实保障饮用水水源安全，开展饮用水水源规范化建设，依法清理饮用水水源保护区内违法建筑和排污口；此外，加强河湖水环境综合整治，因地制宜治理城市河湖，综合整治农村水环境。

（5）积极推进水生态修复。首先，推进河湖生态修复和保护，禁止侵占自然河湖、湿地等水源涵养空间；其次，加强恢复河湖水系的自然连通，在规划的基础上稳步实施退田还湖还湿、退渔还湖；最后，积极推进建立生态保护补偿机制，加强水土流失预防监督和综合整治。

（6）强化执法监管。通过建立健全法规制度，加大河湖管理保护监管力度，建立健全部门联合执法机制，完善行政执法与刑事司法衔接机制。建立河湖日常监管巡查制度，实行河湖动态监管。落实河湖管理保护执法监管责任主体、人员、设备和经费。严厉打击涉河湖违法行为，坚决清理整治非法排污、设障、捕捞、养殖、采砂、采矿、围垦、侵占水域岸线等活动。

# 第三节　河长制执法监管的内涵与特征

## 一、河长制执法监管的内涵

执法是国家机关执行法律的活动，在不同的情境中，行政执法有不同的含义，学界总结的行政执法的含义有广义、较广义和狭义三种。其中，较广义的行政执法是行政机关执行法律的行为，是主管行政机关依法采取的具体的直接影响相对一方权利义务的行为，或者对个人、组织的权利义务的行使和履行情况进行监督、检查的行为。本书中的"执法监管"在多数情况下采用的是第二种涵义，即较广义的行政执法，较广义的执法概念包括有关国家机关按照法定权限和程序将法律规范中抽象的权利义务变成法律主体具体权利义务过程，或者说是国家有关机关将法律规范适用于具体法律主体，对相关主体行使和履行权利义务的情况进行监督、检查的过程。从这一角度而言，较广义的行政执法概念与执法监管的概念是等同的。

具体到河湖执法监管领域而言，河长制行政执法监管是指各级河长、河长办公室以及有关部门和单位等监管主体通过法律授权的行政检查、行政强制、行政处罚等行政行为，督促水行政主体依法行使法定职权、履行法定职责，做好环保监督工作，增强环保执法工作效率，提高环保执法水平，实现行政目标的活动过程。值得注意的是，虽然本书中的"河湖执法监管"在多数情况下与较广义行政执法监管的概念等同，但是河长制执法监管在监管主体、监管内容、监管方式等方面具备较为突出的特征，需要进一步区分和阐述。

### 二、河长制执法监管的特征

#### （一）河长制执法监管主体的特殊性

在环境行政执法中，执法监管主体主要是指国家行政机关依照法定职权和程序，实施、贯彻和执行法律的活动。执法监管主体之所以至关重要，原因在于执法不仅涉及的范围广泛，而且其与公民、社会组织、自然体的接触也是最直接、最频繁的。但是，我国各行政执法机构权限分配的原则是贯彻一种分散管理模式和分业体制，在这种体制下，我国涉水机构主要是以环境保护和水污染治理为主要任务的环保部门和以水资源管理和保护为主要任务的水行政主管部门——水利部门，另外，住建部、农业、林业、国家发展改革委、交通、渔业、海洋等部门也在相应领域内承担着与水有关的行业分类管理职能。这种分散管理体制导致了现有水资源管理体制中"多龙管水"的现状。

在河长制体系下，各级党政负责人担任河长，这些河长负责"组织领导相应河湖的管理和保护工作"，而不是替代实施涉水相关职能部门的职能。因此，当河湖管理保护存在问题而难以完成目标任务时，河长们要对其负责，相关职能部门也要为其负责，这正是河长制监管主体特殊之所在。在不突破现行"九龙治水"权力配置的格局下，由当地党政负责人担任河长可以通过具体措施更加有效地促使多个相关职能部门之间加强协调与配合，整合在水污染治理中相关职能部门的资源，实现集中管理。

目前来看，河长制执法监管主体主要包括河长、河长制办公室、各有关部门和单位这三类❶。

（1）各个省总河长是本行政区域河湖管理保护的第一责任人，对河湖管理保护负总责。其他各级河长是相应的河湖管理保护的直接责任人，对相应河湖管理保护分级分段负责。各级河长要牵头组织、协调解决重大问题、对相关部门和下一级河长履职情况进行督导，并对目标任务完成情况进行考核。此外，要统筹协调河湖与入湖河流的管理保护工作，确定河湖管理保护目标任务，组织制定"一河一策"方案，明确各级河长职责，协调解决河湖管理保护中的重大问题，依法组织整治围垦河湖、侵占水域、超标排污、违法养殖、非法采砂等突出问题。

（2）河长制办公室也对其职责范围内的河流湖泊负有监管任务。《关于全面推行河长制的意见》第三条规定："县级及以上河长设置相应的河长制办公室，具体组成由各地根据实际确定。"河长制办公室的职责主要包括负责实施信息平台建设和信息共享工作，组织制定河长制管理制度和考核办法，承担河长制组织实施具体工作，组织实施监督考核、

❶ 刘小勇，陈健. 基于河长制湖长制的河湖监管体系构建［J］. 中国水利，2020，000（008）：7-8，16.

检查验收等任务。因此，从河长制办公室的具体职责出发可以看出，河长制办公室对在本辖区内河流湖泊的管理保护负直接责任，是河湖执法监管的重要主体之一。

（3）各地在落实河长制的过程中，还设置了一些具有地方特色的相关监管主体，如河长制工作领导小组、河长制办公室工作组等。河长制工作领导小组、河长制办公室工作组负责协调推进河长制各项工作，发挥着常规性水治理的功能，是河长制执法监管的重要组织保障和监管主体。此外，《关于全面推行河长制的意见》和《关于在湖泊实施湖长制的指导意见》还强调河湖监管工作要与各有关部门协同推进，强化部门联动。因此，中央和地方落实河长制文件中涉及的相关部门和单位也属于河湖执法监管的主体。

**（二）河长制执法监管内容的综合性**

2019年全国水利工作会议提出，推动水利行业监管从"整体弱"到"全面强"，既要对水利工作进行全链条的监管，也要抓好其中的关键环节。因此，河湖执法监管总体上既要体现"全面性"，又要突出对重点领域的监管，这就使得河湖执法监管的内容具备了显著的"综合性"特征。总体而言，河湖监管领域要以河长制湖长制为抓手，以推动河长制从"有名"到"有实"为目标，全面监管"盛水的盆"和"盆里的水"。在对"盆"的监管上，以"清四乱"为重点，集中力量解决乱占、乱采、乱堆、乱建等问题，打造基本干净、整洁的河湖。在对"水"的监管上，压实河长湖长主体责任，建章立制、科学施策、靶向治理，统筹解决水多、水少、水脏、水浑等问题，维护河湖健康生命。具体而言，河湖执法监管主要聚焦于水资源保护、水域岸线管理保护、水污染防治、水环境治理、水生态修复这五个方面。

（1）对水资源保护的监管。全面监管水资源的节约、开发、利用、保护、配置、调度等各环节工作。强调要抓紧制定完善水资源监管标准，推进跨省和跨地市重要江河流域水量分配，明确区域用水总量控制指标、江河流域水量分配指标、水资源开发利用和地下水监管指标，强化水资源开发利用监管，整治水资源过度开发、无序开发等各种现象。

（2）对水域岸线管理保护的监管。各地区各有关部门应当依法划定湖泊管理范围，严格控制开发利用行为，将湖泊及其生态缓冲带划为优先保护区，依法落实相关管控措施。严禁以任何形式围垦湖泊、违法占用湖泊水域。严格控制跨湖、临湖建筑物和设施建设。流域、区域涉及湖泊开发利用的相关规划应严格执行工程建设方案审查、环境影响评价等制度。

（3）对水污染防治的监管。要严格湖泊取水、用水和排水全过程管理，控制取水总量，维持湖泊生态用水和合理水位。落实污染物达标排放要求，严格按照限制排污总量控制入湖污染物总量、设置并监管入湖排污口。严格落实排污许可证制度，并加强对湖区周边及入湖河流污染源的综合防治。依法取缔非法设置的入湖排污口，严厉打击废污水直接入湖和垃圾倾倒等违法行为。

（4）对水环境治理的监管。要强化水环境质量目标管理，按照水功能区确定各类水体的水质保护目标。切实保障饮用水水源安全，加强河湖水环境综合整治，结合城市总体规划，因地制宜建设亲水生态岸线，加大水环境监管的治理力度，实现河湖环境整洁优美、水清岸绿。

（5）对水生态修复的监管。要推进河湖生态修复和保护，禁止侵占自然河湖、湿地等水源涵养空间。加强水生生物资源养护，提高水生生物多样性。强化山水林田湖系统治理，加大江河源头区、生态敏感区保护力度，对重要生态保护区实行更严格的保护。积极推进建立生态保护补偿机制，加强水土流失预防监督和综合整治，维护河湖生态环境。

**（三）河长制执法监管方式的多元性**

河长制执法监管要以问题为导向，以整改为目标，以问责为抓手，从法制、体制、机制等多元方式入手，建立一整套务实高效管用的监管体系，从根本上改变河湖监管"宽松软"的局面。具体而言，河长制执法监管方式的多元性主要体现在以下三个方面。

（1）从法制入手，建立完善河湖执法监管制度体系，明确监管内容、监管人员、监管方式、监管责任、处置措施等，使河湖执法监管工作有法可依、有章可循。

（2）从体制入手，明确河湖执法监管的职责机构和人员编制，建立统一领导、全面覆盖、分级负责、协调联动的监管队伍。成立了河长制督查工作领导小组，对督查工作实行统一领导。在各流域机构设立监督局（处），组建督查队伍，按照水利部统一部署，承担片区内的监督检查具体工作。各省也要建立相应的督查队伍，形成完整统一、上下联动的督查体系。

（3）从机制入手，建立内部运行规章制度，确保监管队伍能够认真履职尽责，顺利开展工作。要为监管部门提供必要的办公条件和设备、经费保障。要注重选拔勤勉敬业、高度负责、能力突出、作风过硬的同志参与监管工作。要加强正面宣传、舆论引导和负面警示。

# 第四节　推行河（湖）长制执法监管的意义

全面推行河（湖）长制、创新河湖管理体制机制、破解复杂水问题、加强河长制执法监管是中央《关于全面推行河长制的意见》规定的一项重要任务，是党中央、国务院为加强河湖管理保护作出的重大决策部署，是落实绿色发展理念、推进生态文明建设的内在要求。2017年3月水利部河湖执法检查活动《关于开展河湖执法检查活动的通知》（水政法〔2017〕112号）以"纵向到底、横向到边"为原则，重点对河湖岸线利用、涉河建设项目审批、采砂管理、河道清障、两法衔接、执法队伍管理、执法保障落实等工作情况加强执法检查和现场排查，对河长制"加强执法监管"任务完成情况进行全面检查和考核，对发现的问题及时反馈相关单位，督促整改落实，进一步建立健全了河湖执法监管体制机制。河湖执法监管体系的完善对于构建责任明确、协调有序、监管严格、保护有力的河湖库渠管理保护机制、全面推行河长制而言具有重要的意义。同时，执法监管体制的完善是将绿色发展和生态文明建设的理念转化为行动的具体制度安排，也是我国水环境管理制度和运行机制的重大创新，使得相应的责任主体更加明确、管理方法更加具体、管理机制更加有效。

**一、全面落实河（湖）长制执法"强监管"是推进生态文明体制改革的重大举措**

树立"绿水青山就是金山银山"的重要意识，努力走向社会主义生态文明新时代。当前，我国治水的主要矛盾已经发生了转化，"水利工程补短板、水利行业强监管"是今后一个时期水利改革发展的总基调。为贯彻落实党的十八大、十八届三中全会精神和中央关于加快水利改革发展的决策部署，水利部在 2014 年就印发了《关于加强河湖管理工作的指导意见》。该指导意见指出，河湖管理是水利社会管理的核心内容，是确保河湖资源可持续利用的重要工作，是当前水利工作的一项硬任务。加强河湖管理，实现河畅、水清、岸绿、景美，是建设美丽中国、建立生态文明制度的迫切需要，是推进工业化、城镇化、农业现代化和保障经济社会可持续发展的必然要求，是深化水利改革的重要内容。河湖管理要健全法规制度体系，加强河湖执法监管，确保河湖管理工作有法可依、有章可循。2019 年 3 月 26 日水利部在广州市召开了河湖管理工作会议，会议要求，2019 年河湖管理工作要以习近平新时代中国特色社会主义思想为指导，按照"水利工程补短板、水利行业强监管"的改革发展总基调，把系统治理"盆"和"水"作为核心任务，把"清四乱"作为第一抓手，把划定河湖管理范围作为重要支撑，坚决打赢打好河湖管理攻坚战，向河湖管理顽疾宣战。而要打好河湖管理攻坚战需要以河长制、湖长制为抓手，因此强化河湖监管是水利行业强监管的突破口，也是解决河湖突出问题、打好河湖管理攻坚战的根本措施。此外，河湖管理司在会议上所做的工作报告也强调，要加快河湖立法，为河湖管理提供坚实的法律支撑。《中共中央国务院关于加快推进生态文明建设的意见》也强调要把江河湖泊保护摆在重要位置。江河湖泊具有重要的资源功能、生态功能和经济功能，是生态系统和国土空间的重要组成部分。要落实绿色发展理念，必须把河湖监督管理保护纳入生态文明建设的重要内容，将其作为加快转变发展方式的重要抓手，并全面推行河长制，持续改善河湖面貌。

2020 年 3 月，水利部印发《2020 年河湖管理工作要点》（以下简称《要点》）。《要点》进一步强调了河湖监管工作的重要性，提出 2020 年河湖管理工作要落实"节水优先、空间均衡、系统治理、两手发力"的治水思路，践行"水利工程补短板、水利行业强监管"水利改革发展总基调，以推动河湖长制"有名""有实"为主线，抓好河湖"清四乱"常态化规范化、河道采砂综合整治，突出长江大保护、黄河治理与保护，加强河（湖）长制和河湖管理暗访督查，夯实河湖划界、规划编制、制度建设、信息化等基础工作，不断推进河湖治理体系和治理能力现代化，推动河湖面貌根本好转，构建美丽河湖、健康河湖，让每条河流都成为造福人民的幸福河。因此，我国治水制度体系的建设要紧跟党中央水利改革发展的决策部署，全面落实河湖执法"强监管"，推进生态文明体制的改革。

**二、全面推行河（湖）长制执法"强监管"是破解我国复杂水问题的有力抓手**

随着我国经济的持续增长和规模的不断扩大，水问题呈现新老问题交织的状态，传统水灾害问题尚未得到根本解决，水资源短缺、水生态损害和水环境污染等新问题又日益凸显，河湖污染、湖泊萎缩、生态退化等现象令人担忧，河湖生态环境恶化趋势尚未得到根本扭转，河湖管理与保护压力越来越大，满足人民群众对饮水安全和碧水清波的期盼成为新时代治国理政的重要努力方向。河湖水系是水资源的重要载体，也是新老水问题体现最为集中的区域。由于对河湖监管的认识不够、河湖监管的相关制度不完善、部分涉河湖监管执法流于形式等原因，河湖监管的"宽、松、软"成为河湖乱象产生的重要原因，而要解决河湖资源开发与保护失衡的问题，就必须要树立绿色发展理念，从"重开发、重建设"转向"重保护、重监管"，实行党政主导、高位推动、部门联动、责任追究并行的河湖执法监管体制。近年来，各地积极采取措施加强河湖治理、管理和保护，取得了显著的综合效益，但河湖管理保护仍然面临严峻挑战。一些河流特别是北方河流的开发利用已接近甚至超出水环境承载能力，导致河道干涸、湖泊萎缩，生态功能明显下降；一些地区废污水排放量居高不下，超出水功能区纳污能力，水环境状况堪忧；一些地方侵占河道、围垦湖泊、超标排污、非法采砂等现象时有发生，严重影响河湖防洪、供水、航运、生态等功能发挥。要解决这些问题，亟须大力加强河湖执法监管，推进河湖系统保护和水生态环境整体改善，维护河湖健康生命。

### 三、加强河湖执法监管是提升水政执法监管能力的内在要求

水利部强调，加强河湖执法监管是推动水利行业监管从"整体弱"到"全面强"的关键环节。在对河湖执法监管的过程中，首先可以通过对河湖执法的"强监管"调整人的不当行为，从"源头"解决问题，从根本上提升水政执法监管能力。按照现有法律法规，严格制止各类直接破坏河湖空间与生态环境的行为，如过度取水、非法排污、非法采砂、乱占乱用等，通过调整人的行为发挥水资源水环境承载能力刚性约束作用，促进产业结构升级、经济结构调整，走高质量的绿色发展道路，实现人与自然和谐共生。其次，通过对河湖执法的"强监管"可以促使流域管理机构积极履行职责，不断强化流域水政执法监管能力。流域管理机构可以积极借助河（湖）长制平台作用，将督查作为推动河湖执法工作的重要抓手，开展流域各地河湖执法督查工作，全面准确掌握河湖执法工作真实情况，总结经验不足，发现并解决问题。通过开展流域河湖执法督查，可以压实各级河湖长的河湖执法监管责任，推进各部门齐抓共管；可以保障流域各级水行政主管部门全面履行河湖执法法定职责，确保履职尽责到位；可以强化攻坚克难，推进重大水事违法案件查处；可以促进挂牌督办制度和长效机制的建立健全，推动河湖执法规范化、制度化。最后，通过强化监管力度和适当的河湖管控措施，能够促进水行政执法的系统监管。河湖问题的"标"是水体污染的现实存在性，而"本"则涉及不同部门职能设置中的交叉性。不同部门负责会出现职能边界的混淆，导致责任制流于形式。而通过强化河湖监管，逐级夯实管护责任，层层传导压力，出现问题后能够"有人认、有人管、有人查、有人督"，能够确保河湖治理各项措施执行到位、见到实效。通过强化河湖监管，明确属地责任，强化指标监测和断面考核，反推各地统筹推进山水林田湖草系统治理的升级，从而打破行政区域壁垒，使出发点统一放在流域整体性和河湖生态系统性上，实现上下游、左右岸联防联治、共建共享，维护河湖健康。

### 四、强化河湖执法监管体制建设是完善水行政管理体系的关键环节

近年来河长制的大力推行，积极发挥了地方党委政府的主体作用，明确责任分工、强化统筹协调，形成人与自然和谐发展的河湖生态新格局。首先，河（湖）长制确立了党政领导担任河（湖）长并对水环境治理负责的责任体系，这有利于完善水环境综合管理体制。加强执法监管是全面推行河（湖）长制中的一项重要任务，也是水利部推进河（湖）长制的重要工作举措。河（湖）长制所建立的以党政领导负责制为核心的层级河长体系明确了河湖行政执法的主体，使得地方行政首长成为了水环境责任承担人，一方面是突破了地方保护主义的桎梏，另一方面也成为水资源管理的统管部门，有利于集中管理和协调其他分管部门。总体而言，推行河（湖）长制提高了地方党政主要领导河湖治理保护的责任意识和开发利用河湖的法律意识，可以进一步规范地方政府开发利用流域直管河湖的行

为，避免地方政府因追求经济发展而产生河湖水事违法行为，进而有效减少河湖水事违法违章行为。因此河长制在很大程度上有效地解决了之前水管理体制管理分散和职能交叉等问题。其次，推行河（湖）长制，可以加强流域与区域协作配合，开展直管河湖联合执法行动，推动流域管理机构和地方河湖长共同积极履行河湖管理职责。通过组织开展水政专项执法活动，可以协助解决一些长期以来存在的侵占河道、围垦湖泊、违章建设、非法采砂等重点难点问题，有效减少直管河湖违法违章行为，推动直管河湖违法违章行为实现"控增量、减存量、降总量"。这也是河（湖）长制从开始试行至今十多年来取得良好成绩的关键所在。

# 第二章

# 河（湖）长制监管执法主体

【教学案例 2 - 1】

2016 年 10 月，甲县某村村民刘某在该县一河道管理范围内搭建一面积为 25m² 砖瓦结构的平房一间。2017 年 1 月 19 日，该县水务局在巡查过程中发现该建筑，遂立案。经调查证实，该建筑未经审批程序，阻碍行洪，事实清楚，证据确凿。2017 年 3 月 6 日，甲县人民政府防汛抗旱指挥部根据甲县水务局调查取证材料，对刘某作出限期拆除该违章建筑的处理决定。刘某不服，欲以甲县人民政府防汛抗旱指挥部不具有水行政执法主体资格为由提起行政诉讼。

【问题】县级人民政府防汛抗旱指挥部是否是水行政执法主体？理由是什么？

【教学案例 2 - 2】

2018 年 6 月 25 日某流域管理机构接到所在地 A 市甲区水利局电话，要求对位于该流域管理机构直管河段的某饭店下达责令改正通知书，由于 7 月 5 日省河长办要现场督查"三乱"整治进展，所以要求当事人在 6 月 30 日之前履行。该流域管理机构当天下午按要求委派水政执法人员按照水政执法程序对该饭店所有人张某下达了责令整改水事违法行为通知书，要求其自行拆除新建违章建筑，恢复工程原貌。张某在规定期限内未及时拆除违章建筑。经强制拆除部署，对某饭店的强制拆除行动在与其他参与单位达成一致意见后开始，共出动人员百余人。其中甲区河长办人员负责现场调度指挥；甲区交通局负责告知当事人交通局已决定将该饭店的新老建筑一并拆除；流域管理机构配合河长办人员告知当事人做好拆除准备，离开现场；甲区河道管理所现场配合拆除及后勤保障；饭店所在的镇政府和城管局负责落实现场拆除的机械和人员。在强制拆除过程中，由于现场当事人亲戚朋友众多，拒不配合从屋内搬离物品，最后由镇政府领导下令强制拆除。

2018 年 11 月 13 日，张某委托律师以该流域管理机构为被告提起行政诉讼。

【问题】在推行河（湖）长制过程中，联合执法中的行政执法主体法律身份、法律责任应如何认定？

# 第一节　河（湖）长制监管主体

**一、监管与监管主体概述**

**（一）监管与行政执法**

监管也称行政监管，是行政机关执行法律的行为，是主管行政机关依法采取的具体的直接影响相对一方权利义务的行为；或者对个人、组织的权利义务的行使和履行情况进行监督、检查的行为。

执法在行政管理领域中也称"行政执法"。在不同的情境中，行政执法有不同的含义，学术界总结的行政执法的含义有广义、较广义和狭义三种。

1. 广义的行政执法

广义的行政执法是就国家行政机关执行宪法和法律的总体而言的，因此，它包括了全部的执行宪法和法律的行为，既包括中央政府的所有活动，也包括地方政府的所有活动，其中有行政决策行为、行政立法行为及执行法律和实施国家行政管理的行政执行行为。

2. 较广义的行政执法

行政执法是行政机关执行法律的行为，是主管行政机关依法采取的具体的直接影响相对一方权利义务的行为；或者对个人、组织的权利义务的行使和履行情况进行监督、检查的行为。

3. 狭义的行政执法

行政执法是指行政机关及其行政执法人员为了实现国家行政管理目的，依照法定职权和法定程序，执行法律法规和规章，直接对特定的行政相对人和特定的行政事务采取措施并影响其权利义务的行为。

由以上的含义可见，较广义的行政执法的含义与监管的含义是等同的，而广义的行政执法概念则包括了监管，狭义的行政执法概念则只是监管的一种手段和形式。

本书中的"执法监管"在多数情况下采用的是第二种含义，即较广义的执法的概念，与监管等同。但是本章在分析河长制执法监管主体的时候，需要进一步区分河长制的监管主体与河长制的执法主体，因此本章中对执法将会采用第三种即狭义的行政执法的含义，而在分析河长制的监管主体时采用第二种即较广义的行政执法的含义。

**（二）监管主体**

1. 监管主体的概念

监管在行政管理领域的全称为"监督管理"，由于目前行政法学界对监管并没有一个明确的定义，所以此处就借用行政执法较广义的含义来给监管主体进行定义。监管主体又称行政监管主体，是指对公民、法人或其他组织行使和履行行政法上的权利义务的情况进行监督、检查和管理的主体。

监管主体具有以下几个特征：

（1）监管主体是一个组织。这是监管主体身份形式方面的特征。组织是指由诸多要素按照一定方式相互联系起来的一个内部有机联系的系统。组织的外延很广，可以指机关、机构，也可以是单位、团体等，与组织相对应的概念是个人，即自然人。在我国，行政管理领域的监管主体只能是组织而不是个人。

（2）监管主体的监管对象是行政相对人。行政监管是行政监管主体行使行政职权的外在表现形式，其监管对象是作为行政相对人的公民、法人或其他组织，这一特征使得行政监管主体与其他性质的监管主体，如司法监管主体相区别，也使得行政监管主体与监督行政的主体相区别。

（3）监管主体的监管内容是监管主体依据法律法规赋予的行政职权对行政相对人行使、履行行政法上的权利和义务的情况进行监督和监察。行政相对人作为行政法律关系的主体，在行政法上享有权利，同时也承担义务，这些权利和义务的行使履行情况就成为监管主体的监管内容。

2. 与监管主体相关的概念

（1）行政主管部门。行政主管部门是一个法律概念，常见于行政法律规范之中。如《中华人民共和国水法》（以下简称《水法》）第十二条第2款规定："国务院水行政主管部门负责全国水资源的统一管理和监督工作"；第4款规定"县级以上地方人民政府水行政主管部门按照规定的权限，负责本行政区域内水资源的统一管理和监督工作"。行政主管部门也被称为有关部门，如《水法》第十三条规定："国务院有关部门按照职责分工，负责水资源开发、利用、节约和保护的有关工作。县级以上地方人民政府有关部门按照职责分工，负责本行政区域内水资源开发、利用、节约和保护的有关工作。"

可见，行政主管部门是国家行政机关的组成部分，是根据宪法和组织法成立的，设置在各级人民政府（国务院、省级人民政府、市人民政府、县/区人民政府、乡/镇人民政府）的各种行使特定行政管理职权的行政机关（如水行政主管部门、环境行政主管部门、教育行政主管部门等）。通常，行政主管部门就是特定行政管理领域的监管主体。但是行政主管部门在外延上不能等同于监管主体，因为在监管主体中除了行政主管部门这种国家行政机关以外，还包括其他接受法律、法规和规章授权的组织（如流域管理机构）。授权行政主体在法律、法规、规章的授权范围内行使行政管理职权，也是监管主体。

另外，在我国行政管理体制改革的过程中，也会尝试一些组织体制方面的新举措，对原属于各个行政主管部门的职权进行协调和整合，从而产生新的监管主体。根据《关于全面推行河长制的意见》所成立的"河长制办公室"就是典型代表。

（2）行政主体。行政主体是我国行政法学中的重要学术概念，是指依法享有行政职权，独立对外进行管理的组织。行政主体具有以下特征：

1）行政主体是组织不是个人。在我国，个人不能成为行政主体。

2）行政主体是依法享有行政职能的组织。行政主体的行政职能由法律规范设定。

3）行政主体有权代表国家和社会组织独立行使职权。行政主体在法律法规授权范围内，可以以自己的名义进行活动，以自己的名义作出处理决定。

4）行政主体能够独立参加行政诉讼。成为行政诉讼的被告意味着行政主体可以独立承担自己行使行政职权的行政行为所引发的法律后果。

根据行政主体所享有职权的来源不同，可以将行政主体分为职权行政主体和授权行政主体。职权行政主体是依据宪法和组织法的规定，在其成立时就具有行政职权并取得行政主体资格的组织，在我国等同于行政机关，即中央和地方各级人民政府及其工作部门；授权行政主体是指因宪法、组织法以外的法律、法规、规章的规定而取得行政主体资格的组织，如行政机关的内设机构、经授权的事业单位和企业单位等。

监管主体中既包括职权行政主体，如各级、各种行政主管部门；也包括授权行政主体，如流域管理机构。但是并不是所有监管主体都具有行政主体资格，在行政体制改革过程中成立的协调性机构是监管主体，不是行政主体，如河长制办公室。

## 二、河长制监管主体概述

根据《关于全面推行河长制的意见》，我国到 2018 年年底前全面建立河长制。

河长制的组织形式是：全面建立省、市、县、乡四级河长体系。各省（自治区、直辖市）设立总河长，由党委或政府主要负责同志担任；各省（自治区、直辖市）行政区域内主要河湖设立河长，由省级负责同志担任；各河湖所在市、县、乡均分级分段设立河长，由同级负责同志担任。县级及以上河长设置相应的河长制办公室，具体组成由各地根据实际确定。

河长制的监管主体主要有以下三类：①河长；②河长制办公室；③各有关部门和单位。

## 三、河长

### （一）河长的级别体系

#### 1. 省、自治区河长的级别体系

《关于全面推行河长制的意见》中规定："全面建立省、市、县、乡四级河长体系。"从各省份已经出台的河长制实施方案来看，有的省份沿袭了该规定，规定在省内建立四级河长制体系，如河北省、山东省、新疆维吾尔自治区等，如《新疆维吾尔自治区实施河长制工作方案》规定："全面建立自治区和兵团、各地（州、市）和兵团师、各县（市、区）和兵团团场、各乡（镇）和兵团连队四级河长体系。"

有的省份进一步将河长制的级别体系涵盖到村（居）委会一级，建立五级河长制级别体系。如《关于在江苏全省全面推行河长制的实施意见》中规定："建立省、设区市、县（市、区）、乡镇（街道）、村（居）五级河长体系"；《广东省全面推行河长制工作方案》规定："建立区域与流域相结合的省、市、县、镇、村五级河长体系。"有类似规定的还有云南、浙江等省份。有些省份则实行比较灵活的四级与五级相结合的河长制级别体系，如在规定实施四级河长制体系的基础上，同时规定辖区内各地可以根据实际情况在村一级设置河长。如《山西省全面推行河长制实施方案》（2017 年 4 月 14 日山西省委办公厅、政府办公厅印发）就规定，在设置省、市、县、乡四级河长制的同时，"各地可根据实际情况，将河长延伸到村级组织"。作类似规定的还有湖北省的《关于全面推行河湖长制的实施意见》，该意见规定"建立四级河湖长……各地可根据实际情况，将河湖长延伸到村级组织"。

除了对典型级别体系有规定之外，还有些省份有一些具有地方特色的河长制规定，如《福建省全面推行河长制实施方案》中规定，由乡（镇、街道）根据辖区内河道数量、大小和任务轻重等实际情况招募并管理河道专管员，原则上每名河道专管员负责一个或若干个村（居委会）河道管理，辖区内河道多、任务重的地方可视情况调整配置。

#### 2. 直辖市的河长制级别体系

因为直辖市行政级别具有特殊性，所以它们在河长制的设置体系上与各省份有所不

同，如北京市、天津市、重庆市都建立了市、区县（自治县）、乡镇（街道）、村（社区）四级河长体系，上海市建立了市、区、街道（乡镇）三级河长体系。

**（二）河长的职务种类及任职人员**

1. 总河长

总河长的设置级别与任职有以下三种情况：

（1）各省份总河长的设置级别与任职。

1）在省、设区市（州）、县（市、区）、乡镇（街道）四级设立总河长。如《江苏省河道管理条例》第九条规定："省、设区的市、县（市、区）、乡镇（街道）四级设立河长，河道分级分段设立河长。总河长、河长名单向社会公布。"省级总河长由一般省委或省政府主要负责同志担任，如江苏省规定由省长担任，山东省、浙江省和云南省等规定由省委书记、省长担任，广东省和山西省规定由省政府主要负责同志（主要领导）担任。设区市、县（市、区）、乡镇总河长一般由同级党委或政府主要负责同志担任。江苏省、广东省、山西省和浙江省都作了类似的规定。

2）在省、市和县（市、区）三级分别设立总河长。如《河北省实行河长制工作方案》规定："省级设立双总河长，由省委、省政府主要负责同志担任。各市（含定州市、辛集市）和县（市、区）分别设立总河长，……总河长由本级党委或政府主要负责同志担任……"山东省也作了类似的规定。

3）仅在省级设置总河长。如《福建省全面推行河长制实施方案》规定："设总河长，由省政府主要领导担任"；《陕西省关于全面推行河长制的实施方案》规定："总河长由省委、省政府主要负责同志担任"；《湖南省关于全面推行河长制的实施意见》规定："省委副书记、省人民政府省长担任总河长"。

（2）直辖市的总河长级别设置。

各直辖市总河长的级别设置也分为三种情况：

1）在市、区、乡镇（街道）设三级总河长，如天津市和上海市。其中天津市级总河长由市长担任，上海市级总河长由市政府主要领导担任。天津区级总河长由区委书记担任，乡镇（街道）级总河长由乡镇（街道）党委（党工委）书记担任；上海则由区、街道（乡镇）主要领导分别担任区、街道（乡镇）总河长。

2）设立市、区两级总河长。《北京市进一步全面推进河长制工作方案》规定，"设立市、区两级总河长，总河长由市、区党委和政府主要领导担任"。

3）仅在市一级设置总河长。《重庆市全面推行河长制工作方案》规定："市级设总河长……市政府市长担任总河长"。

2. 副总河长

（1）副总河长的设置级别。

1）仅设置省级副总河长。在江苏省、山西省、山东省、上海市等地，虽然设置了四级或三级总河长，但只设置了省一级的副总河长。

2）副总河长的级别设置与总河长一致。如《云南省全面推行河长制的实施意见》规定，省、州（市）、县（市、区）、乡（镇）分级设立总河长、副总河长。广东省在副河长的设置上，同时选择了前两种模式。《广东省全面推行河长制工作方案》规定："省设立总

17

河长……设立副总河长……各市、县、镇设立本级总河长……或实行双总河长制"。

3）没有规定副总河长。一些地方在规定河长制的组织形式时并没有规定副总河长，如浙江省、河北省、天津市。

（2）副总河长的任职。省级副总河长一般由省委、省政府分管领导担任。但是各地在具体分管领导的确定方面还存在差异，如山西省规定由分管水利工作的副省长担任省副总河长；陕西省规定由省委、省政府分管农村农业工作的负责同志担任副总河长；湖南省规定由省委常委、省人民政府常务副省长及分管水利工作的副省长担任副总河长；重庆市规定由市政府分管水利、环保工作的副市长担任副总河长。

**3. 河长**

河长根据各河湖库渠分级分段设立，分别由省、市（州）、县（市、区）、乡（镇）党政领导担任，设置了村级河长的，由村组织有关负责同志担任。

省级河长设置在各省（自治区、直辖市）行政区域内的主要河湖，如重要流域性河道、省管湖泊、重要水系等。省级河长通常由省委、省政府领导担任河长。如江苏省确定18条重要流域性河道、7个省管湖泊，分别由省委、省政府领导担任河长；广东省确定境内东江、西江、北江、韩江及鉴江五大河流（流域）分别由省委或省政府负责同志担任省级河长。也有的省份规定由省级副总河长兼任省级河长，如《福建省全面推行河长制实施方案》规定："在干流跨设区市的三条主要河流闽江、九龙江、敖江流域各设河长1名，由副总河长兼任。"

市（州）、县（市、区）、乡（镇）以及村级河长由各地方根据河湖自然属性、跨行政区域情况，以及对经济社会发展、生态环境影响的重要性等，由各方分级分段设立河长。

上海市对河长的设置比较有特色，用一级、二级河长代替了省、市（州）、县（市、区）、乡（镇）以及村级河长的称呼。中共上海市委办公厅、上海市人民政府办公厅印发的《关于本市全面推行河长制的实施方案》规定："长江口（上海段）、黄浦江干流、苏州河等主要河道，由市政府分管领导担任一级河长，河道流经各区由各区主要领导担任辖区内分段的二级河长；其他市管河道、湖泊，由相关区主要领导担任辖区内对应河段的一级河长，河道流经各街道乡镇由各街道乡镇主要领导担任辖区内分段的二级河长。区管河道、湖泊，由辖区内各区其他领导担任一级河长，河道流经各街道乡镇由各街道乡镇领导担任辖区内分段的二级河长；镇村管河道、湖泊，由辖区内各街道乡镇领导担任河长。"

**（三）河长的职责**

根据《关于全面推行河长制的意见》和各地出台的河长制实施方案的规定，各级河长的职责分工如下。

**1. 总河长和副总河长的职责**

各级总河长是本行政区域内推行河长制的第一责任人，主要职责就是负责领导辖区内的河长制工作，对全省河长制工作进行总督导、总调度。其具体职责分为以下五个方面：①负责辖区内河长制的组织领导；②负责辖区内河长制的决策部署；③协调解决河长制推行过程中的重大问题；④牵头组织督促检查、绩效考核和问责追究；⑤领导同级河长制办公室。

副总河长总的职责是协助总河长工作。具体而言包括：负责协助总河长组织领导辖区内的河湖管理保护；统筹协调督导考核河长制的落实推进；组织协调、督查河长制办公室成员单位和下级河长履行河湖管理保护职责；研究解决河长制工作中遇到的重点问题等。

2. 各级河长的职责

（1）组织领导相应河湖的管理和保护工作。这是各级河长的主要工作职责，包括负责组织领导相应河道、湖泊、水库的管理、保护、治理工作，如河湖管理保护规划的编制实施、水资源保护、水域岸线管理、水污染防治、水环境治理、水生态修复、河湖综合功能提升等；牵头组织开展专项检查和集中治理，对非法侵占河湖水域岸线和航道、围垦河湖、盗采砂石资源、破坏河湖及航道工程设施、违法取水排污、违法捕捞及电毒炸鱼等突出问题依法进行清理整治等。

（2）协调解决有关重大问题。协调解决河道管理保护中的重大问题是各级河长工作职责中的重要组成部分，如统筹协调上下游、左右岸、干支流的综合治理，明晰跨行政区域和河湖管理保护责任，实行联防联控等。

（3）对本级相关部门和下一级河长履职情况进行督导。上级河长有权对下级河长履职情况进行督导，同级河长有权对相关部门在推行河长制，进行水环境、水安全治理中的履职情况进行督促检查，推动各项工作落实。

（4）对目标任务完成情况进行考核，强化激励问责。

3. 河道专管员的职责

《福建省全面推行河长制实施方案》规定，河道专管员负责村（居委会）所辖河道的日常巡查与信息反馈、配合相关部门现场执法和涉水纠纷调处、引导公众参与等工作。河道保洁与涉河工程管护等工作可由河道专管员承担，也可通过购买服务等方式由专业队伍承担。

**四、河长制办公室**

**（一）河长制办公室的设置和组成**

1. 河长制办公室的设置级别

《关于全面推行河长制的意见》规定，"县级及以上河长设置相应的河长制办公室，具体组成由各地根据实际确定"。从各地对河长制落实的文件规定来看，河长制办公室基本都设置在省（自治区）、地（市、州）以及县（市、区）级，如《浙江省河长制规定》第三条规定了县级以上河长制工作机构的职责，意味着浙江的河长制办公室设置在省（自治区）、地（市、州）以及县（市、区）级。但也有地方在乡镇（街道）一级设置了河长制办公室，比如北京市、上海市、福建省。

有的地方在河长制办公室的级别设置方面给省级以下的地方一定的自由裁量权，如江苏省。《关于在江苏全省全面推行河长制的实施意见》明文规定了省级河长制办公室的设置，同时规定各地根据实际，设立本级河长制办公室。这意味着江苏省内各市、县（市、区）、乡镇（街道）对是否设置该级别的河长制办公室都有自由裁量权，并没有统一的设置模式。

2. 河长制办公室的组织设置

《关于全面推行河长制的意见》并没有规定各级别的河长制办公室设置在哪个部门。各地在落实河长制的文件中，大部分将省级河长制办公室设置在省（直辖市）级水行政主管部门，对其他级别的河长制办公室则规定由各地根据实际确定设置单位，或没有明确规定，如河北省、湖北省、陕西省、云南省和天津市、上海市等。山西省和重庆市则规定所有级别（省、市、县级）的河长制办公室都设置在同级水行政主管部门。

新疆维吾尔自治区出台的《新疆维吾尔自治区实施河长制工作方案》中规定，县级及以上河长设置相应的河长制办公室，河长制办公室原则上设置在各级水行政主管部门或流域管理机构。兵团参照设置各级河长制办公室。具体而言：自治区河长制办公室设在自治区水利厅或者直属流域管理机构；地（州、市）和兵团师河长制办公室设置在各地（州、市）水行政主管部门或流域管理机构；县（市、区）和兵团团场河长制办公室设置在各县（市、区）水行政主管部门。

浙江省河长制办公室设置在各级人民政府，是比较特别的设置。实践证明，这种设置能够充分发挥河长制办公室在河湖管理中的各项职责。

**3. 河长制办公室的组成**

（1）主任、副主任。主任和副主任是河长制办公室的负责人，负责主持和落实河长制办公室的职责。《关于全面推行河长制的意见》中并没有对河长制办公室的主任、副主任进行明确规定，许多地方在落实河长制的文件中明确了省（自治区、直辖市）级河长制办公室的主任、副主任的设置，这些规定也具有一定的差异性。如有的地方规定省级河长制办公室的主任由省（自治区、直辖市）级水利厅的厅长或主要负责人兼任，副主任则由水利厅、环保厅、住建厅等职能部门的分管负责人兼任，如江苏、陕西、云南；也有的地方规定省级河长制办公室主任由省政府分管水利工作的副省长兼任，副主任由省水利厅厅长、省环保厅厅长兼任，如山西省；有的地方的规定比较特别，如浙江省规定省级河长办公室与省"五水共治"工作领导小组办公室合置，主任由省"五水共治"工作领导小组办公室主任担任，常务副主任由省"五水共治"工作领导小组办公室常务副主任担任，专职副主任由省水利厅、省环保厅各一名厅级干部担任，兼职副主任由省农办、省水利厅主要负责人以及省发展和改革委、省经信委、省建设厅、省财政厅、省农业厅等单位各派一名负责人兼任副主任；重庆市只规定了省级河长办公室的主任由市级水利厅主要负责同志担任，没有规定副主任任职人选，而是规定由河长制市级责任单位各确定一名负责人为责任人、一名处级干部为联络人，联络人为市河长办公室组成人员；也有的地方并没有明确规定河长制办公室的主任和副主任，如上海市只规定市级河长制办公室设置在市水务局，由市水务局和市环保局共同负责。

（2）成员单位。河长制办公室的成员单位是职权涉及水环境治理和水生态保护的同级党政机构的相关部门，虽然各地有关河长制办公室的成员单位的名单稍有不同，但总体来说，以省级河长制办公室为例，包含以下职能部门：省委办公厅、省政府办公厅、省发展和改革委、省经信委、省卫生健康委、省财政厅、省国土厅、省环保厅、省住建厅、省交通运输厅、省农业厅、省林业厅、省水利厅、省海洋渔业厅，有的地方还包括省委组织部、省委宣传部、省委政法委、省科技厅、省公安厅、省司法厅、省税务局、省统计局、省海洋与渔业局、省旅游局、省法制办、海事局、省气象局等。

（3）联络人。联络人也称联络员，一般是河长制办公室各成员单位指派的人员，作为河长办公室的组成人员，负责本单位与河长办公室各项事宜的联络。如重庆市规定由河长制市级责任单位各确定一名处级干部为联络人；江苏省规定省级成立由总河长为组长、省有关部门和单位负责同志为成员的河长制工作领导小组，领导小组成员单位各 1 名处级干部作为联络员。也有许多地方落实河长制的文件当中没有对联络人进行明确规定。

**（二）河长制办公室的职责**

河长制办公室的职责总体上可以概括为承担河长制工作的日常事务。具体而言，河长制办公室的具体职责分为以下几项：

（1）负责组织制定河长制管理制度和考核办法。

（2）承担河长制组织实施具体工作，落实河长制确定的具体工作。

（3）组织实施考核、督查、验收。

（4）上级河长制办公室负责开展对下级河长制实施情况的考核。

（5）负责实施信息平台建设和信息共享工作。

**五、河长制其他监管主体**

各地在落实河长制的过程中，还设置了一些具有地方特色的相关监管主体，其中比较典型的有河长制工作领导小组、河长制办公室工作组。

**（一）河长制工作领导小组**

《关于在江苏全省全面推行河长制的实施意见》中规定，省级成立由总河长为组长、省有关部门和单位负责同志为成员的河长制工作领导小组，负责协调推进河长制各项工作。领导小组成员单位各一名处级干部作为省级河长制办公室的联络员；《山西省全面推行河长制实施方案》规定，成立由省委、省政府主要领导担任组长的山西省全面推行河长制工作领导小组。成员由省发展改革委、省经信委、省公安厅、省财政厅、省自然资源厅、省生态与环境厅、省住建厅、省交通厅、省水利厅、省农业厅、省卫生健康委、省旅发委、省能源局、省司法厅、黄河水利委员会山西黄河河务局相关负责人担任❶。

**（二）河长制办公室工作组**

《浙江省全面深化河长制工作方案》规定，省河长制办公室下设六个工作组，分别为综合组、一组、二组、三组、宣传组、督查组，由各成员单位根据工作需要定期选派处级干部担任组长，定期选派业务骨干到省河长制办公室挂职，挂职时间 2 年。

**六、各有关部门和单位**

**（一）各有关部门和单位的组成**

《关于全面推行河长制的意见》规定，各有关部门和单位按照职责分工，协同推进各项工作；《关于在湖泊实施湖长制的指导意见》也规定，要落实湖泊管理单位，强化部门联动。河长制湖长制主要涉及的部门和单位在中央和各地落实河长制的文件中各有不同。

1. 中央层面

中央层面河长制涉及的有关部门和单位主要是"全面推行河长制工作部际联席会议"

---

❶ 山西省推行河长制工作领导小组成员单位名单主要依据为《山西省全面推行河长制实施方案》。根据 2018 年中共中央印发的《深化党和国家机构改革方案》，编者对其中因机构改革方案发生名称、机构和职能变更的单位进行了相应更改。

的成员单位。该部际联席会议的成员单位有：水利部、国家发展改革委、自然资源部、生态环境保护部、农业部、交通运输部、住房和城乡建设部、财政部、卫生计生委等。

2. 地方层面

各地推行河长制和湖长制涉及的部门和单位主要是各地河长制办公室的成员单位。组成方面，虽然各地河长制办公室的成员单位有所不同，但是总体而言，以省级为例，主要包括以下部门和单位：省委办公厅、省政府办公厅、党委组织部、党委宣传部、省编委办、省发展和改革委、省公安厅、省省监察委员会、省财政厅、省自然资源厅、省生态与环境保护厅、省住房城乡建设厅、省交通运输厅、省水利厅、省农业厅、省审计厅（局）、省安全生产监督管理局、省司法厅、省教育厅、省科技厅、省旅游局、省委政法委、省经济和信息化委员会、省卫生健康委员会、省税务局、省统计局、省气象局。

**（二）各有关部门和单位的职权分工**

按照现有组织法赋予各职能部门的职权和党的组织机构的职权分工，以省级为例，各有关部门和单位在河长制下的职权分工如下：

省委办公厅：负责协调全省河长制工作。

省政府办公厅：负责协调全省河长制工作。

党委组织部：负责将河长制考核结果作为省委对市县党政班子和主要领导干部综合考核评价的重要依据。

党委宣传部：负责加强河湖管理保护的宣传教育和舆论引导。

省编委办：负责落实河长制办公室机构和人员编制。

省发展和改革委：负责会同相关部门协调推进河湖综合整治规划和重点项目的实施，争取国家投资和政策支持。

省公安厅：负责组织开展依法打击危害河湖管理保护和危害水安全的违法犯罪活动。

省监察委员会：负责按照干部管理权限，对部门移交的实行河长制和加强河湖管理保护中应给予纪律处分的失职失责责任人员进行问责。

省财政厅：负责统筹落实河湖管理保护等相关经费。

省自然资源厅：负责加强河湖岸线用途管制，推进河湖管理范围内的土地确权工作。

省生态与环境保护厅：负责水污染防治的统一监督指导，落实重点流域水污染防治规划，建立和完善河湖水污染防治工作考核机制并组织实施。

省住房城乡建设厅：负责协调推进城市污水收集与处理、黑臭水体和生活垃圾处理等综合治理。

省交通运输厅：负责协调处理交通设施与河道防洪安全有关事宜，监管交通运输及港口码头污染防治。

省水利厅：负责组织编制重要河湖岸线保护和利用规划，制定河道防洪排涝标准、河道清障方案，配合司法部门建立行政执法与刑事司法衔接工作制度，建立依法管理河湖的长效机制。

省农业厅（包括林业）：负责协调推进农业面源污染、畜禽和水产养殖污染综合整治及农业废弃物综合利用工作，结合美丽乡村建设加强农村沟渠清理整治。负责推进生态公益林和水源涵养林建设，推进河湖岸线绿化和湿地保护修复。

省审计厅（局）：负责河道自然资源资产审计。

省安全生产监督管理局：负责加强尾矿库安全监管，严防出现因尾矿库溃坝等生产安全事故引发尾矿砂泄入河道现象。

省司法厅：负责河道保护管理有关地方性法规、政府规章的审查修改工作。负责河长制法律服务和法治宣传教育工作。

省教育厅：负责指导各地组织开展中小学生河湖保护管理教育活动。省科技部门：负责组织开展节约用水、水资源保护、河湖环境治理、水生态修复等科学研究和技术示范。

省旅游局：负责指导和监督景区内河湖保护管理。

省委政法委：负责协调河长制司法保障工作。

省经济和信息化委员会：负责推进工业企业去产能和优化产业结构，加强工业企业节水治污技术改造，协同处置水域保护管理有关问题。

省卫生健康委员会：负责指导、监督农村卫生改厕和饮用水卫生监测。

省税务局：负责落实治水节能减排相关企业税收减免政策。

省统计局：负责河长制相关社会调查工作，协助有关部门做好治水相关数据统计和发布工作。负责水产养殖污染防治和渔业水环境质量监测，推进水生生物资源养护，依法查处开放水域使用畜禽排泄物、有机肥或化肥肥水养鱼和电毒炸鱼等违法行为。

省气象局：负责气象预警、预报服务。协助相关部门开展水资源监测、预估。

# 第二节　水行政执法与水行政执法主体

## 一、行政执法与行政执法主体概述

### （一）行政执法

#### 1. 行政执法的概念

如前所述，狭义上的行政执法是指行政机关及其行政执法人员为了实现国家行政管理目的，依照法定职权和法定程序，执行法律法规和规章，直接对特定的行政相对人和特定的行政事务采取措施并影响其权利义务的行为，与行政立法、行政司法相对应。该行政执法的概念被目前许多有关行政执法的法律规范所采用，如《江苏省行政程序规定》（2015年江苏省人民政府令第100号）第39条规定："本规定所称行政执法，是指行政机关依据法律、法规和规章，作出的行政许可、行政处罚、行政强制、行政给付、行政征收、行政确认等影响公民、法人或者其他组织权利、义务的行政行为。"

#### 2. 行政执法的分类

可以依据不同的标准对行政执法进行分类。

（1）根据内容、性质进行的分类。根据内容、性质不同，可以将行政执法分为行政监督、行政处理、行政制裁、行政仲裁、行政调解、行政裁决和行政复议等。

这种分类实际是各行政主体所具有的不同行政职权的具体表现，以上的列举并没有穷尽这种分类的内容，而且随着社会的发展和对社会进行管理的需要，行政职权的内容会日益丰富，其表现形式也会随之复杂多样化。

（2）根据对行政相对人权利义务影响进行的分类。根据对行政相对人权利义务造成影响的不同，可以将行政执法分为赋予、暂停或者取消行政相对人某种法律资格的执法；授予、限制或者剥夺行政相对人某种法律权益的执法；加予、减少或者免除行政相对人某种法律义务的执法和解决处理行政相对人某一争议的执法。

赋予、暂停或者取消行政相对人某种法律资格的执法如颁发、暂扣、吊销行政相对人的资格证书、许可证；授予、限制或者剥夺行政相对人某种法律权益的执法如政府发放、减少或者取消抚恤金、救济金；加予、减少或者免除行政相对人某种法律义务的执法如政府对税收的征收、减免；解决处理行政相对人某一争议的执法如对涉及民事侵权赔偿的争议、商标、专利等知识产权争议，以及土地、矿产等自然资源的使用权争议进行的调节、裁决等。

**（二）行政执法主体**

根据行政执法的概念，可以将执法主体定义为：为了实现国家行政管理目的，依照法定职权和法定程序，执行法律法规和规章，直接对特定的行政相对人和特定的行政事务采取措施并影响其权利义务的行为的主体。

行政执法主体的概念中包含三个层面的主体：

（1）执法主体。执法主体是指具有行政执法权的组织。执法主体可以以自己的名义，依据自己的行政职权进行行政执法，处分公民、法人或其他组织的权利义务，具有行政主体资格。这意味着，执法主体可以成为我国行政复议的被复议机关，行政诉讼的被告以及行政赔偿案件中赔偿义务主体。

（2）执法机构。执法机构是指实际承担执法职能的组织，执法机构不具有行政主体资格，需要以执法主体的名义进行执法。执法机构与执法主体的关系有以下两种：

1）从属关系。执法机构是执法主体的内设机构，是执法主体的内部组成部门。

2）行政委托关系。执法机构不是执法主体的组成部分，而是具有独立法律身份的组织，通过接受执法主体的行政委托进行执法。目前我国许多行业主管部门的行政执法队伍都是事业单位性质的组织，通过行政委托的形式取得行政执法权，成为行政执法机构。

（3）执法的公务人员。执法行为都是由公务人员作出的，执法公务人员在人事关系上归属于执法机构，并以执法主体的名义从事执法行为。执法公务人员的执法行为所引起的法律责任归属于执法主体，因公务人员渎职或滥用职权引起行政纠纷，首先应由执法主体对合法权益受损害公民、法人或其他组织承担法律责任，其后，执法主体可以依据公务人员管理的法律规范和执法主体的规章制度追究执法公务人员的内部行政责任。

**二、水行政执法概述**

**（一）水行政执法的含义**

水行政执法是行政执法在水行政管理领域的具体体现，是水行政管理不可或缺的重要内容。我国水行政执法在法律制度上的主要表现形式是水政监察。根据 2000 年 5 月 15 日水利部第 13 号令发布（经 2004 年 10 月 21 日水利部第 20 号令修正）的《水政监察条例》，水政监察是指水行政执法机关依据水法规的规定对公民、法人或者其他组织遵守、执行水法规的情况进行监督检查，对违反水法规的行为依法实施行政处罚、采取其他行政措施等行政执法活动。

**（二）水行政执法的特征**

（1）水行政执法的主体是水行政执法机关。在我国，水行政执法机关是指依法享有水事行政管理职权，对水事活动进行监督检查，对违反水事法律规范的行为进行查处的主体，其范围包括水利部、地方各级人民政府的水行政主管部门和各流域管理机构。

（2）水行政执法的对象是公民、法人或者其他组织。水行政执法是水行政执法机关对公民、法人或者其他组织遵守、执行水法规的情况及其违反水法规的行为进行查处的行为，是典型的外部行政行为。

（3）水行政执法的内容具有多样性。水行政执法包括对公民、法人或者其他组织遵守、执行水法规的情况进行监督检查，对违反水法规的行为依法实施行政处罚、采取其他行政措施等行政执法活动，其执法行为具有多样性。

（4）水行政执法的依据是水法律规范。水法律规范是一个广义的概念，既包括国家的正式法律规范，也包括水行政执法机关所出台的水事政策和规范性文件；既包括专门的水事法律和规范，如《中华人民共和国水法》《中华人民共和国防洪法》，也包括国家及各地方针对行政执法行为所制定的法律和规范，如《中华人民共和国行政处罚法》《中华人民共和国行政强制法》等。

**三、水行政执法主体**

**（一）水行政执法主体的概念**

水行政执法机关是水行政管理领域具有行政主体资格的主体，具体是指享有水行政执法权，能够以自己名义实施水行政执法的各种行为，并为水行政执法行为独立承担法律责任的主体。

可以将水行政执法主体的概念分解为以下两点含义：

（1）水行政执法主体具有行政主体资格。行政主体是行政法学中的重要学术概念，具有重要的理论和实践价值。水行政执法主体具有行政主体资格，这意味着水行政执法机关可以以自己的名义从事水事执法行为，并且独立为水事执法行为所引起的法律后果承担法律责任，即在行政复议、行政诉讼和行政赔偿案件中可以作为被复议人、被告和行政赔偿义务机关参与进来。

（2）水行政执法主体与行政执法主体是特殊与一般的关系，是国家在水行政管理领域对行政执法职权配置的具体表现形式，与其他行政管理领域的行政执法主体存在职权分工。

**（二）水行政执法主体的种类**

1. 以水行政执法主体的身份进行的分类

《水政监察工作章程》第三条规定，"水利部组织、指导全国的水政监察工作。水利部所属的流域管理机构负责法律、法规、规章授权范围内的水政监察工作。县级以上地方人民政府水行政主管部门按照管理权限负责本行政区域内的水政监察工作"。因此，从主体的身份来看，目前我国的水行政执法主体主要包括：

（1）县级以上地方人民政府的水行政主管部门。他们负责所辖的行政区域内的水事活动，是地域性的水行政主管部门，水行政执法权是其职权的重要组成部分。

（2）流域管理机构。流域管理机构是我国按照流域管理的水行政管理思想，在重要的江河流域设立的水事行政管理组织。流域管理机构接受水法律、法规的授权成为该流域重要的水事活动管理主体，其职权也包括水行政执法权。我国目前在七大流域成立了相应的流域管理机构，主要有长江水利委员会、黄河水利委员会、淮河水利委员会、珠江水利委员会、松辽水利委员会、海河水利委员会、太湖流域管理局。

水利部是我国的国家水行政主管部门，负责我国领土范围内除海洋以外的全部水资源，包括地表水和地下水的管理。水利部是我国最高的水行政主管部门，负责组织、指导全国的水行政执法工作，不从事具体的水行政执法工作。

2．以水行政执法权的来源进行的分类

从水行政执法权的来源来看，水行政执法机关可以分为：

（1）职权水行政执法主体。职权水行政执法机关是指依照宪法和组织法的规定成立并享有相应水行政执法职权的主体。我国县级以上地方人民政府的水行政主管部门都是依照宪法和组织法的规定所成立的专职的水行政执法机关，是职权水行政执法机关。

（2）授权水行政执法主体。授权水行政执法机关是指依照法律、法规、规章的授权享有相应水行政执法职权的组织。水利部设立的各流域管理机构就是接受宪法和组织法以外的水法律、法规的授权而享有相应水行政执法权的组织，因此是授权水行政执法机关。

**四、水行政执法机构**

**（一）水行政执法机构的概念**

水行政执法机构是指具体承担相应水行政执法职权，从事水行政执法的组织。《水政监察工作章程》第二条规定："县级以上人民政府水行政主管部门、水利部所属的流域管理机构或者法律法规授权的其他组织（以下统称水行政执法机关）应当组建水政监察队伍，配备水政监察人员，建立水政监察制度，依法实施水政监察"。《关于全面推进水利综合执法的实施意见》（水政法〔2012〕514号）中规定，水政监察队伍是各级水行政主管部门和流域管理机构的专职执法机构，承担或者受水行政主管部门的委托承担水行政处罚、行政征收等执法职责，承办行政强制执行、行政强制措施组织实施等执法工作。因此，水行政执法机构就是指水政监察队伍。可见，目前在水利系统，具体承担水行政执法职能的组织是各级水政监察队伍。

**（二）水行政执法机构的特征**

水行政执法机构具有以下几点特征：

（1）水行政执法机构是具体负责实施水事执法职权的组织。

（2）水行政执法机构不具有行政主体资格，不能以自己的名义实施水行政执法行为，也不承担水行政执法所引起的法律责任。

（3）水行政执法机构与水行政执法主体的关系具有多样性。在我国现行的组织结构中，水行政执法既可能是水行政执法主体的内部机构，也可能是接受水行政执法机关委托的组织。前者如各流域管理机构内部成立的水政监察队伍。后者如地方各级水政监察队伍，其组织性质为事业单位，与地方各级水行政主管部门之间是行政委托关系。

**（三）水行政执法机构的设置**

根据《水政监察工作章程》第六条～第八条的规定，现行的水政监察队伍体制内容如下：

（1）省（自治区、直辖市）人民政府水行政主管部门设置水政监察总队。

（2）市（地、州、盟）人民政府水行政主管部门设置水政监察支队。

（3）县（市、区、旗）人民政府水行政主管部门设置水政监察大队。

（4）水利部所属的流域管理机构根据实际情况设置水政监察总队、水政监察支队、水政监察大队。

（5）根据有关法律法规的要求和实际工作需要，省（自治区、直辖市）、市（地、州、盟）、县（市、区、旗）水政监察队伍内部按照水土保持生态环境监督、水资源管理、河道监理等自行确定设置相应的内部机构（支队、大队、中队）。

（6）流域管理机构所属的管理单位经流域管理机构批准可成立水政监察队伍。

（7）省（自治区、直辖市）、市（地、州、盟）、县（市、区、旗）水行政主管部门根据执法工作需要，可在其所属的水利工程管理单位设置派驻的水政监察队伍。

**（四）水行政执法机构的主要职责**

根据《水政监察工作章程》第九条的规定，水行政执法机构的主要职责有：

（1）宣传贯彻《中华人民共和国水法》《中华人民共和国水土保持法》《中华人民共和国防洪法》等水法规。

（2）保护水资源、水域、水工程、水土保持生态环境、防汛抗旱和水文监测等有关设施。

（3）对水事活动进行监督检查，维持正常的水事秩序。对公民、法人或其他组织违反水法规的行为实施行政处罚或者采取其他行政措施。

（4）配合和协助公安和司法部门查处水事治安和刑事案件。

（5）对下级水政监察队伍进行指导和监督。

（6）受水行政执法机关委托，办理行政许可和征收行政事业性规费等有关事宜。

对于水政监察总队、大队、支队三级水行政执法队伍之间的职责分工，水利部的《关于全面推进水利综合执法的实施意见》中有明确规定，即"原则上，水政监察总队主要承担水政监察队伍建设和管理的指导监督、重大执法活动的组织协调、重大违法案件的查处、督办等职责；水政监察支队、大队重点承担与人民群众日常生活、生产直接相关的行政执法职责"。

**五、水行政执法人员**

《水政监察工作章程》第十一条规定，水政监察人员是实施水政监察的执法人员。

**（一）水政监察人员的条件**

《水政监察工作章程》第十二条明确规定了水政监察人员必须具备的条件，包括：

（1）通过水法律、法规、规章和相关的法律知识的考核。

（2）有一定水利专业知识。

（3）遵纪守法、忠于职守、秉公执法、清正廉洁。

（4）具有高中以上文化水平，其中水政监察总队、支队、大队的负责人必须具有大专以上文化水平。

**（二）水政监察人员的任免**

《水政监察工作章程》第十四条规定，水政监察人员由同级水行政执法机关任免。地方水政监察队伍主要负责人的任免需征得上一级水行政执法机关法制工作机构的审核同意。

**（三）水政监察人员的考核与培训**

根据《水政监察工作章程》的相关规定，水政监察队伍实行执法责任制和评议考核制。

水政监察人员在上岗前应按规定经过资格培训，并考核合格。水政监察人员上岗前的资格培训和考核工作由流域机构或者省（自治区、直辖市）水行政主管部门统一负责。

水政监察人员每年应当接受法律知识培训。水行政执法机关应当制定长期培训规划和年度培训计划，不断提高水政监察人员的执法水平。

水政监察人员实行任期制，任期为三年。水政监察人员任期届满，经考核合格可以继续连任。考核不合格或因故调离工作，任期自动终止，由任免机关免除任命，收回执法证件和标志。

**（四）水政监察人员的职权**

根据《水政监察工作章程》第十六条的规定，水政监察人员在执行公务时，可依法行使下列职权：

（1）进行现场检查、勘测和取证等。

（2）要求被调查的公民、法人或其他组织提供有关情况和材料。

（3）询问当事人和有关证人，做出笔录、录音或录像等。

（4）责令有违反水法规行为的单位或个人停止违反水法规的行为。必要时，可采取防止造成损害的紧急处理措施。

（5）对违反水法规的行为依法实施行政处罚或者采取其他行政措施。

**（五）水政监察人员的待遇**

《水政监察工作章程》第二十二条和第二十三条规定，水行政执法机关应当给予水政监察人员与执法任务相适应的执法津贴，投入身伤害保险等。各级水行政执法机关应当保证水政监察经费。水政监察经费从水利事业费中核拨，不足部分在依法征收的行政事业性规费中列支，并应严格贯彻执行中央关于"收支两条线"的规定。

# 第三节　河（湖）长制下的行政执法主体

**一、河（湖）长制对行政执法的要求**

《关于全面推行河长制的意见》和《关于在湖泊实施湖长制的指导意见》中，都对加强执法监管提出了明确的要求。

《关于全面推行河长制的意见》规定要加强执法监管，建立健全法规制度，加大河湖管理保护监管力度，建立健全部门联合执法机制，完善行政执法与刑事司法衔接机制；建立河湖日常监管巡查制度，实行河湖动态监管。落实河湖管理保护执法监管责任主体、人员、设备和经费；严厉打击涉河湖违法行为，坚决清理整治非法排污、设障、捕捞、养殖、采砂、采矿、围垦、侵占水域岸线等活动。《关于在湖泊实施湖长制的指导意见》规定，要健全湖泊执法监管机制。建立健全湖泊、入湖河流所在行政区域的多部门联合执法机制，完善行政执法与刑事司法衔接机制，严厉打击涉湖违法违规行为。坚决清理整治围垦湖泊、侵占水域及非法排污、养殖、采砂、设障、捕捞、取用水等活动。集中整治湖泊岸线乱占滥用、多占少用、占而不用等突出问题。建立日常监管巡查制度，实行湖泊动态监管。

可见，河（湖）长制非常重视水行政执法，要求建立多部门联合执法机制，以应对河湖管理中多部门职权交叉问题，并要求形成执法合力，重点打击围垦、侵占水域、非法排污、非法采砂等典型涉河湖违法行为，以维护河湖水环境，修复河湖水生态。河长制对行政执法的这一要求已经被写入一些地方河长制的立法，如《辽宁省河长湖长制条例》第十七条规定："……建立河湖保护联合执法机制，完善行政执法信息共享和工作通报制度"。

### 二、水行政执法对河（湖）长制执法要求的应对

为深入落实全面推行河长制关于加强执法监管的部署，水利部在 2018 年编制了《河湖执法工作方案（2018—2020 年）》。该方案明确规定在组织方面要建立长效机制，主要包括以下几个方面：

（1）加强水政监察队伍建设。各流域管理机构和地方各级水行政主管部门要加强水政监察队伍建设，落实机构、人员、经费，充实基层执法力量，提高执法人员素质。

（2）建立健全执法巡查责任制，推行执法巡查网格化管理，加强违法案件的移送。河湖管理部门和单位要加强日常管理巡查，及时发现并制止违法行为，对需要实施行政处罚或者行政强制的，及时向水政监察队伍移送；水政监察队伍要加强执法巡查，对巡查发现和移送的案件依法查处，实现执法与管理有效衔接。

（3）发挥河湖养护保洁服务组织、民间河长湖长等社会组织巡查监督作用。

（4）完善流域与区域、区域之间、水行政主管部门与相关部门的联合执法、综合执法机制，完善信息共享、案情通报、案件移送制度。

（5）完善水事违法行为的行刑衔接标准。各流域管理机构和各省级水行政主管部门要加快制定河湖刑事案件移送、河道砂石价值认定和影响防洪安全鉴定等制度和标准。

### 三、联合执法、综合执法改革与河湖执法

#### （一）联合执法——河长制下的行政执法机制

联合执法是在各行政主管部门分别配置了执法职权的体制下，为了解决多头执法、重复执法，提升行政执法成效所实行的新的执法机制，由两个及以上行政执法主体同时对某一领域的违法行为进行查处。推行河长制过程中，为了提升河湖管理实效，要求具有涉河湖管理职权的相关行政执法主体，如水利、交通、海事、公安等多个行政执法主体在同一时间共同执法。联合执法可以在不改变现有职权分配的情况下，由两个或两个以上具有相关行政执法职权的主体共同应对河湖管理领域的违法行为，从而在短时间内提升河湖管理实效。

但是，必须认识到，联合执法也存在一些不可避免的缺点。首先，联合执法需要各执法机构互相协调、配合，不仅执法成本高昂，而且非常态化易导致出现突击执法、运动式执法，在短期内取得成效的同时也导致出现了"猫捉老鼠"的游戏现象。从长期看，河长制需要各地建立常态化的联合执法机制和平台，将河湖联合执法常态化。其次，从法律责任角度进行解读，参加联合执法的各执法主体仍需单独以各自的名义进行执法，为自己在

再联合执法中的执法行为承担法律责任，因此，参加联合执法的各行政执法主体需要认清自己的执法职权范围，严格遵守法定执法程序，确保自己在联合执法中的执法行为合法，否则可能会因引起行政纠纷而承担法律责任。

**（二）综合执法改革**

1. 综合执法改革的依据和方案

2014 年 10 月，党的十八届四中全会通过的《中共中央关于全面推进依法治国若干重大问题的决定》中，在"深入推进依法行政，加快建设法治政府"部分规定要深化行政执法体制改革。要根据不同层级政府的事权和职能，按照减少层次、整合队伍、提高效率的原则，合理配置执法力量。同时推进综合执法，大幅减少市县两级政府执法队伍种类，重点在食品药品安全、工商质检、公共卫生、安全生产、文化旅游、资源环境、农林水利、交通运输、城乡建设、海洋渔业等领域内推行综合执法，有条件的领域可以推行跨部门综合执法。

根据该规定，中共中央和国务院于 2015 年 12 月印发了《法治政府建设实施纲要（2015—2020 年）》，该纲要进一步提出要改革行政执法体制。一方面推进执法重心向市县两级政府下移，把机构改革、政府职能转变调整出来的人员编制重点用于充实基层执法力量；另一方面大幅减少市县两级政府执法队伍种类，重点在食品药品安全、工商质检、公共卫生、安全生产、文化旅游、资源环境、农林水利、交通运输、城乡建设、海洋渔业、商务等领域内推行综合执法，支持有条件的领域推行跨部门综合执法。

2018 年 3 月，中共中央印发的《深化党和国家机构改革方案》中明确规定，深化行政执法体制改革。根据不同层级政府的事权和职能，按照减少层次、整合队伍、提高效率的原则，大幅减少执法队伍种类，合理配置执法力量。在综合执法改革方面组建五支综合执法队伍，其中包括整合组建生态环境保护综合执法队伍。生态环境保护综合执法队伍整合环境保护和国土、农业、水利、海洋等部门相关污染防治和生态保护执法职责、队伍，统一实行生态环境保护执法，由生态环境部指导。

2. 综合执法体制改革对河湖执法的影响

目前，各地进行的综合行政执法体制改革主要是围绕《中共中央关于全面推进依法治国若干重大问题的决定》和《法治政府建设实施纲要（2015—2020 年）》两个政策文件及推进事业单位去行政化改革进行的。水行政执法体制在各地推进的改革中有所变化。首先，一些地方省级水政监察队伍被撤销了，如河南省、贵州省，设区的市一级的水政监察队伍有的被撤销了，有的仍然被保留着。在区县一级，许多地方成立了综合执法局作为统筹执法的机构，其中水行政执法权被合并到其他相关的职能部门。如江阴市成立了综合执法局，挂靠在城管局，综合执法局下辖 7 个执法大队，其中水行政执法队伍与农林执法队伍合并。也有一些地方的区县将水行政执法队伍与住建局的执法队伍合并，如辽宁省。总之，在中央的综合执法改革方针的要求下，水行政执法队伍在级别上向区县一级的基层下沉，执法队伍与别的相关职能部门合并，成立综合执法队伍是今后的改革趋势。

从综合执法改革的目的和长远发展来看，综合执法机构的设立可以从执法体制上解决多头执法、执法职权交叉的问题，从而有利于河湖执法，提升河湖执法的成效。但是目前大部分地方的综合执法改革还处于初期阶段，若想要实现河湖执法的理想成效，需要在操作层面解决好以下两个问题：首先，解决好执法队伍与水行政主管部门等涉河湖行政主管部门查处违法案件具体环节的衔接问题。过去地方水行政主管部门查处水事违法案件，由水行政执法队伍负责立案、调查取证、作出处理决定。而在综合执法改革之后，由于综合执法队伍不再隶属于各职能部门，因此就具体案件的立案、调查取证、处理各个环节如何分工难免存在争议，如果不能够及时解决，必定会影响河湖执法效果。其次，解决好推行河长制过程中各地已经搭建的联合执法和协商、协调平台因综合执法改革存续的问题。根据中央关于河长制和湖长制的两个文件，各地水行政主管部门已建立了的各种河湖联合执法机制和协商、协调平台，如有的地方为有效查处河湖违法行为，与公安机关建立了常态的联合执法机制。在综合执法体制改革后，需要对这些联合执法机制和协商、协调平台进行及时的梳理，对于有必要继续保留的机制和平台，需要变更成员身份。

---

**【教学案例 2－1 解析】**

该案中，县级人民政府防汛抗旱指挥部是否是水行政执法主体，要看相关法律对县级人民政府防汛抗旱指挥部性质及其职权的具体规定。

首先，县级人民政府防汛抗旱指挥部不是国家机关，不属于职权水行政执法主体。《中华人民共和国防洪法》第三十八条规定："防汛抗洪工作实行各级人民政府行政首长负责制，统一指挥、分级分部门负责。"第三十九条第三款规定："有防汛抗洪任务的县级以上地方人民政府设立由有关部门、当地驻军、人民武装部负责人等组成的防汛指挥机构，在上级防汛指挥机构和本级人民政府的领导下，指挥本地区的防汛抗洪工作，其办事机构设在同级水行政主管部门。"由这两条规定可知，县级以上地方人民政府的防汛抗旱指挥部是地方防汛抗洪的指挥机构，由地方有关部门、当地驻军、人民武装部负责人等组成，其性质不是国家行政机关。

其次，县级人民政府防汛抗旱指挥部有《中华人民共和国防洪法》及《河道管理条例》等法律、法规的授权，是授权水行政执法主体。《中华人民共和国防洪法》第四十二条第一款规定："对河道、湖泊范围内阻碍行洪的障碍物，按照谁设障、谁清除的原则，由防汛指挥机构责令限期清除；逾期不清除的，由防汛指挥机构组织强行清除，所需费用由设障者承担。"《河道管理条例》第三十六条规定："对河道管理范围内的阻水障碍物，按照'谁设障，谁清除'的原则，由河道主管机关提出清障计划和实施方案，由防汛指挥部责令设障者在规定的期限内清除。逾期不清除的，由防汛指挥部组织强行清除，并由设障者负担全部清障费用。"由这两条规定可知，县级以上人民政府的防汛抗旱指挥部具有《中华人民共和国防洪法》和《中华人民共和国河道管理条例》法条授予的责令设障者在规定的期限内清除阻水障碍物和强制清除阻水障碍物的职权，属于法律、法规和规章授权的主体，是授权水行政执法主体。

**【教学案例 2-2 解析】**

该案涉及河长制的联合执法中各行政执法主体的职权与法律责任承担问题。

首先，推行河长制的联合执法中，各执法主体的法律身份和职责不因河长制而有所变化。河长制是以地方党政领导负责制为核心的河湖管理保护责任体系，其工作格局是"党政负责，水利牵头，部门联动，社会参与"。河长制是在没有改变现有法定管理职权规定的情况下，所采取的一种河湖管理的党政措施，并没有改变现有河湖管理的法定职权分工。因此，河长并不是法律授予的身份，不具有行政法上的法律主体身份。河长制办公室是根据《关于全面推行河长制的意见》成立的承担河长制组织实施具体工作，落实河长确定的事项的机构，也不具有行政法上的主体身份。在河长制体制中，具有行政法上的主体身份的仍然是各具有涉河湖管理职权的职能部门（执法主体）。关于各涉河湖管理部门的职责，关于河长制的意见中也规定得很清楚，即"各有关部门和单位按照职责分工，协同推进各项工作"。本案中，对某饭店的强制拆除虽然是在甲区河长办的指挥和协调下进行的，但是相应的执法职责和法律责任仍然由各参加强拆的执法主体承担。在本案中，虽然参与强制拆除的执法主体很多，但是仍然需要廓清各执法主体的职权范围，即对该饭店的新建与旧有部分，哪个执法主体有权力决定强制拆除，在实施强制拆除中，各执法主体的分工应该是什么。

其次，该案还涉及推行河长制与程序法治的关系问题。可以发现，在该案中，由于要顾及推行河长制的整治要求期限，对某饭店的强制拆除就违反了《行政强制法》中关于强制拆除的法定程序要求。这种因为要达到河长制的行政目标要求而牺牲程序法治的现象在推行河长制过程中应该要避免。

基于以上分析，某饭店位于某流域管理机构直管河道内，对其违章新建的部分予以强拆是该流域管理机构的法定职责，因此张某以某流域管理机构为被告提起行政诉讼是正确的。由于强制拆除涉嫌拆除了旧有的非违章部分，也没有遵守《中华人民共和国行政强制法》规定的法定程序，某流域管理机构面临着败诉的法律风险。

**【思考题】**

2-1　什么是监管？河长制中行政监管主体主要有哪些？

2-2　什么是水行政执法主体和水行政执法机构？

2-3　什么是联合执法？河长制中，联合执法引发的法律责任是什么？

2-4　我国综合执法改革对水行政执法有哪些影响？

# 第三章

# 河（湖）长制执法监管的依据

**【教学案例 3－1】**

2001 年 4 月 23 日，原告与灵武市梧桐树乡梧桐树村村民委员会签订《河滩地租赁合同》，租赁河滩西一号一等地 146 亩 4 分、二等地 20 亩，承租期限至 2011 年 11 月 30 日。2003 年，原告在承租的河滩地上建设养鸡场。2012 年 4 月 17 日，原告与灵武市梧桐树乡梧桐树村村民委员会签订《河滩地承包合同》，由原告承包河滩地二号土地 178 亩，承包期限自 2012 年 1 月起至 2014 年 12 月 30 日止，于 2007 年 8 月 23 日成立的灵武市天水水产专业合作社，继续在上述土地上进行养殖。

2018 年 1 月 25 日，根据宁夏回族自治区河长办《关于开展"清河专项行动"的通知》、银川市人民政府办公厅印发的《银川市清河专项行动实施方案》，在全市范围集中整治河流、湖泊、沟道、水库等水域岸线乱建乱占等行为。

2018 年 1 月 30 日，灵武市机构编制委员会印发灵编发〔2018〕26 号文件，将灵武市防汛抗旱指挥部办公室确定为被告灵武市水务局所属事业单位，负责河堤、主要沟道等防洪设施的巡查和报修工作。

中共灵武市委办公室、灵武市人民政府办公室共同印发灵党办〔2019〕40 号和灵党办〔2019〕66 号文件，明确灵武市水务局负责灵武市水利设施、水域及其岸线的管理保护与综合利用，并享有水政监察和水行政执法权。

2018 年 5 月 10 日，经灵武市防汛抗旱指挥部研究同意，灵武市防汛抗旱指挥部办公室印发《灵武市开展"保护母亲河"清除黄河沿线违章建筑物活动实施方案》，原告养鸡场位于灵武市梧桐树乡西侧，在此次清理违章建筑的区域范围内。2018 年 5 月 8 日，灵武市防汛抗旱指挥部办公室向原告下发《灵武市防汛安全检查通知单》，要求原告于 2018 年 5 月 14 日前拆除养鸡场所有建筑设施，原告拒签该检查通知单。2018 年 8 月中旬，被告组织人员和机械设备对原告的养鸡场部分设施实施强制拆除。

原告司某不服被告灵武市水务局行政强制拆除，于 2019 年 6 月 10 日向法院提起行政诉讼。

**【问题】** 在该案中，河长制执行主体的法定职责如何认定？该案是否涉及适用法律不当的行为？

**【教学案例 3－2】**

2011年12月27日，重庆市梁平区环境保护局出具《环境影响评价文件批准书》，批准凤翔养鸡专业合作社报送的"年存栏3.5万只蛋鸡养殖"建设项目。该批准书对养殖场的废水污染治理措施以及固废污染治理措施进行了严格要求。

2017年3月30日，梁平区环境执法支队执法人员对凤翔养鸡专业合作社养殖场进行现场检查，发现凤翔养鸡专业合作社利用的4块农田内有黑色、浑浊、散发臭味的废水，4块农田均有缺口，废水随农田缺口流动。其中靠近一小溪的一块农田有3处缺口，废水正由此流入小溪。经梁平区生态环境监测站监测，农田废水水样呈现黑色、浑浊、有臭味，不符合《畜禽养殖业污染物排放标准》的规定。

4月12日，梁平区环境保护局向凤翔合作社送达了梁环违改字〔2017〕22号责令改正违法行为决定书，责令凤翔合作社立即停止违法排污行为。2017年6月30日，梁平区环保局出具梁环罚字〔2017〕22号行政处罚决定书，以凤翔合作社养殖废水抽入农田经缺口外派入河，违反了《重庆市环境保护条例》第四十五条第三款"禁止以不正当的方式排放污染物以规避治理污染和缴纳排污费的责任"，依据《重庆市环境保护条例》第一百零四条第三项，对凤翔合作社处罚款1万元。

2017年7月17日，凤翔合作社向梁平区人民政府申请行政复议。10月13日，梁平区人民政府出具梁平府行复〔2017〕16号行政复议决定书，认为该行为系违反了《畜禽规模养殖污染防治条例》的规定，梁平区环保局以违反了《重庆市环境保护条例》作出的行政处罚决定书系适用依据错误，撤销了梁环罚字〔2017〕22号行政处罚决定书。

2017年11月17日，梁平区环境执法支队因修订后的《重庆市环境保护条例》的实施享有行政处罚权，据此以梁平区环境执法支队为执法主体出具了梁环罚字〔2017〕22－1号行政处罚决定书，认定凤翔合作社养殖过程中产生的污染物外流入河，污染环境，处罚款1万元。

2018年1月8日，凤翔合作社向梁平区人民政府提交行政复议。4月9日，梁平区人民政府依据《中华人民共和国行政复议法》第十五条、第十八条的规定，转送由梁平区环境保护局进行行政复议。2018年5月10日，梁平区环境保护局出具梁环行复〔2018〕2号行政复议决定书，维持了梁平区环境执法支队出具的梁环罚字〔2017〕22－1号行政处罚决定书。

**【问题】** 在该案中，梁平区环境执法支队作出的行政处罚适用法律、法规是否正确、适当？

河湖执法的监管依据是本章讨论的重点。本章的研究思路从宏观上遵循"案例引入-提出问题-规范分析"这一逻辑主线，具体体现为：首先从最基本案例出发，梳理河湖执法监管在适用法律时遇见的问题，考察河湖执法监管法律适用的实际状况并提出相应的问题。其次，采用规范分析的方法对河长制执法监管的现行制度结构进行梳理。对行政主体实施行政行为进行全面监管要有法律依据并受法律规范制约，这是行政执法监管的实质要义之所在。那么，河长制行政执法监管的依据应当包括哪些呢？除了相关法律、法规、规章、自治条例和单行条例等之外，与河长制执法监管相关的环境政策也是确保水行政执法正常运行的保障。按照法律政策学的一般理论，"在法制社会中，法律是制度性和普遍性规范，政策是工具性和特殊性规范"，因此，从宏观而言，河长制执法监管所依据的法律体系主要由两个方面组成，其一是相关的环境政策，其二是法律法规体系。具体而言，执法监管依据主要通过加大对河长制六大主要任务的监督管理、夯实监管责任、健全监管规则和标准、创新和完善监管方式等方面来体现。

# 第一节 河（湖）长制执法监管相关的环境政策

## 一、国家层面的政策

环境政策是指公共权力机关对社会的环境公共利益和经济公共利益进行选择、综合、分配和落实的过程中，依据人与环境和谐发展的目标，经由政治过程所选择和制定的开发利用自然资源、保护改善环境的行为准则。党的十八大以来，中央提出了一系列生态文明建设特别是制度建设的新理念、新思路、新举措，高度重视河湖执法监管工作。加强执法监管是中央《关于全面推行河长制的意见》规定的一项重要任务，也是 2017 年水利部推进河长制十大工作举措之一。2016 年 10 月 11 日，中央全面深化改革领导小组第二十八次会议审议通过了《关于全面推行河长制的意见》。会议强调，全面推行河长制，要构建责任明确、协调有序、监管严格、保护有力的河湖管理保护机制，为维护河湖健康生命、实现河湖功能永续利用提供制度保障。2017 年 3 月水利部印发《关于开展河湖执法检查活动通知》，部署开展河湖执法检查活动。执法检查活动采取水利部统一部署、流域与行政区域相结合的工作方式，以加大执法检查力度、严格查处违法案件、强化整改落实、严厉打击河湖违法犯罪行为和完善河湖执法监管长效机制为重点，历时 9 个多月，取得了良好的执法成效，有效构建了河湖执法组织体系，摸清了全国河湖执法监管情况，依法规范了涉河涉湖相关活动，严肃查处了一大批河湖违法案件，进一步建立健全了河湖执法监管体制机制，有力推动和支撑了河长制的落实。2017 年 11 月 20 日，十九届中央全面深化改革领导小组第一次会议审议通过《关于在湖泊实施湖长制的指导意见》，湖长制建立在全面推行河长制的基础上，强调遵循湖泊的生态功能和特性，建立健全湖泊监管制度体系和责任体系的重要性。除了以上关于河（湖）长制的具体政策外，中共中央办公厅、国务院办公厅颁发的《关于深化环境监测改革提高环境监测数据质量的意见》《关于划定并严守生态保护红线的若干意见》《生态文明建设目标评价考核办法》等政策也为河（湖）长制执法监管提供了直接约束力。目前来看，能够为河（湖）长制执法监管提供依据的国家层面的主要政策见表 3-1。

## 二、地方规范性文件

我国河长制发端于江苏省无锡市，其现实起因是 2007 年 4 月暴发的太湖大规模蓝藻污染事件。太湖蓝藻暴发事件后，无锡市在启动应急预案应对突发环境事件的同时，也在环境司法与环境执法两个层面进行了机制创新，在环境司法层面即为增设无锡市中级人民法院环境保护审判庭，在环境执法层面即为实行"河（湖、库、荡、汊）长制"。随后，

表 3 - 1                    河（湖）长制执法监管依据的国家政策梳理

| 序号 | 发布单位 | 名　称 | 文号 | 颁布时间 |
|---|---|---|---|---|
| 1 | 中共中央办公厅<br>国务院办公厅 | 《关于全面推行河长制的意见》 | 厅字〔2016〕42 号 | 2016 年 12 月 11 日 |
| 2 | 中共中央办公厅<br>国务院办公厅 | 《关于在湖泊实施湖长制的指导意见》 | 厅字〔2017〕51 号 | 2017 年 12 月 26 日 |
| 3 | 国务院 | 《关于开展河湖执法检查活动通知（水利部）》 | 水政法〔2017〕112 号 | 2017 年 3 月 4 日 |
| 4 | 国务院 | 《关于全国水土保持规划（2015—2030年）的批复（水利部）》 | 国函〔2015〕160 号 | 2015 年 10 月 4 日 |
| 5 | 中共中央办公厅<br>国务院办公厅 | 《关于全面加强生态环境保护坚决打好污染防治攻坚战的意见》 | 中发〔2018〕17 号 | 2018 年 6 月 16 日 |
| 6 | 中共中央办公厅<br>国务院办公厅 | 《关于加快推进生态文明建设的意见》 | 中发〔2015〕12 号 | 2015 年 4 月 25 日 |
| 7 | 中共中央办公厅<br>国务院办公厅 | 《关于深化环境监测改革提高环境监测数据质量的意见》 | 厅字〔2017〕35 号 | 2018 年 1 月 12 日 |
| 8 | 中共中央办公厅<br>国务院办公厅 | 《关于划定并严守生态保护红线的若干意见》 | 无 | 2017 年 2 月 7 日 |
| 9 | 中共中央办公厅<br>国务院办公厅 | 《生态文明建设目标评价考核办法》 | 无 | 2016 年 12 月 22 日 |
| 10 | 国务院办公厅 | 《关于生态环境监测网络建设方案》 | 国办发〔2015〕56 号 | 2015 年 7 月 26 日 |
| 11 | 国务院 | 《关于健全生态保护补偿机制的意见》 | 国办发〔2016〕31 号 | 2016 年 5 月 13 日 |
| 12 | 国务院 | 《水污染防治行动计划》 | 国发〔2015〕17 号 | 2015 年 4 月 2 日 |

全国各省、自治区、直辖市分别出台文件，完善相关制度，促进河长制的逐步推广。在《关于全面推行河长制的意见》《关于在湖泊实施湖长制的指导意见》等具体政策的指导下，通过加强组织领导，制订实施方案，明确重点任务和时间节点要求，确保执法监察活动扎实有序推进。此类由地方人大及其常委会颁行的地区范畴内生效的规范性文件，也是水行政主管部门"河长制"监管执法监督工作开展的直接依据。为全面贯彻党的十九大和十九届二中、三中全会精神，深入落实全面推行河（湖）长制关于加强执法监管的部署，有效实施河湖管理法律法规，各地纷纷出台了关于全面推行河（湖）长制的实施方案，加强河长制的执法监管是其中关键。如 2017 年 3 月，浙江省印发《关于全面深化落实河长制进一步加强治水工作的若干意见》，在主要任务中强调要加强水污染防治、加强水环境治理、加强执法监管、加大河道管理保护监管力度，完善监督执法机制；2017 年 1 月，上海市委办公厅、市政府办公厅联合印发《关于本市全面推行河长制的实施方案》的通知，并分批公布全市河长、湖长名单，接受社会监督。除此之外，河北、湖北、江西、四川等省成立了领导小组，上海、浙江、福建、云南等省（直辖市）制订了实施方案，北京、辽宁、河南、贵州、陕西等省（直辖市）将河湖执法检查纳入河长制工作一同部署、

一同落实、一同督导。长江水利委员会及长江沿线省份结合长江保护工作，重点开展入河排污口、打击非法采砂、重点湖库执法检查，全面贯彻落实河长制的执法监管工作。与河（湖）长制执法监管有关联的主要地方规范性文件见表 3-2。

表 3-2　　　　　　　　与河（湖）长制执法监管有关联的地方规范性文件

| 省　　份 | 名　　称 | 出台时间 |
|---|---|---|
| 广东省 | 《广东省全面推行河长制工作方案》（粤委办〔2017〕42号） | 2017年5月9日 |
| | 《关于在全省湖泊实施湖长制的意见》 | 2018年6月14日 |
| 黑龙江省 | 《黑龙江省全面推行河长制工作方案》 | 2017年6月30日 |
| | 《黑龙江省在湖泊实施湖长制工作方案（试行）》 | 2018年7月14日 |
| 北京市 | 《北京市优美河湖考核评定办法（试行）》（京河长办〔2018〕54号） | 2018年5月16日 |
| | 《北京市实行河湖生态环境管理"河长制"工作方案》 | 2016年6月3日 |
| 内蒙古自治区 | 《内蒙古自治区实施湖长制工作方案》（厅发〔2018〕4号） | 2018年8月8日 |
| | 《自治区河长制会议制度（试行）》《自治区河长制信息报送制度（试行）》《自治区河长制督察制度（试行）》《自治区河长制考核办法（试行）》《自治区河长制信息共享制度（试行）》《自治区河长制验收制度（试行）》 | 2017年10月 |
| 安徽省 | 《安徽省全面推行河长制工作方案》（厅〔2017〕15号） | 2017年3月6日 |
| | 《关于在湖泊实施湖长制的意见》（厅〔2018〕30号） | 2018年5月14日 |
| 青海省 | 《青海省河长会议制度（试行）》《青海省河长制信息制度（试行）》《青海省河长制工作督察办法（试行）》《青海省河长制工作考核办法（试行）》《青海省河长制工作验收办法（试行）》 | 2017年10月10日 |
| | 《青海省全面推行河长制工作方案》 | 2017年5月27日 |
| | 《关于在全省湖泊实施湖长制的意见》 | 2019年1月8日 |
| 湖北省 | 《湖北省全面推行河湖长制实施方案（2018—2020年）》（鄂河办发〔2018〕38号） | 2018年12月11日 |
| | 《湖北省全面推行河湖长制实施方案》 | 2018年12月11日 |
| | 《关于在全省湖泊实施湖长制的意见》（湘办〔2018〕17号） | 2018年4月30日 |
| 河南省 | 《河南省河长制工作厅际联席会议制度》《河南省河长制工作河长巡河制度》《河南省河长制工作省级联合执法制度》《河南省水环境质量生态补偿暂行办法》 | 2018年6月 |
| | 《郑州市河长制工作河湖库巡查制度》的通知（2019）（郑政文〔2019〕54号） | 2019年3月18日 |
| 吉林省 | 《吉林省河长制办公室工作规则》 | 2017年9月4日 |
| | 《吉林省2019年河湖长制工作要点》 | 2019年5月15日 |
| 甘肃省 | 《甘肃省全面推行河长制工作方案》 | 2017年7月3日 |
| | 《甘肃省河湖违法行为有奖举报管理办法（试行）》（甘水河湖发〔2020〕29号） | 2020年1月 |
| 四川省 | 《关于全面推行河长制的意见》 | 2017年2月23日 |
| | 《关于全面落实湖长制的实施意见》 | 2018年10月23日 |

续表

| 省　份 | 名　称 | 出台时间 |
|---|---|---|
| 江西省 | 《江西河长制工作省级表彰评选暂行办法》（赣府厅发〔2018〕9号） | 2018年2月8日 |
| | 《江西省实施河长制湖长制条例》（江西省第十三届人民代表大会常务委员会公告第21号） | 2018年12月7日 |
| | 《江西省人民政府办公厅关于印发江西省河长制省级会议制度等五项制度的通知》（赣府厅发〔2017〕47号） | 2017年7月19日 |
| 山西省 | 《山西省全面推行河长制实施方案》（晋办发〔2017〕20号） | 2017年4月14日 |
| | 《山西省河长制办公室山西省水利厅关于印发（试行）的通知》（晋水管〔2017〕447号） | 2018年1月 |
| | 《山西省湖长制实施方案》 | 2018年7月20日 |
| 湖南省 | 《2019年度河长制湖长制工作考核细则》 | 2019年6月20日 |
| | 《湖南省关于全面推行河长制的实施意见》 | 2017年8月2日 |
| | 《关于在全省湖泊实施湖长制的意见》 | 2018年4月30日 |
| 新疆维吾尔自治区 | 《新疆维吾尔自治区实施河长制工作方案》 | 2017年7月3日 |
| | 《关于在我区全面推行河长制工作的通知》《关于开展河湖所临行政（兵团）区域调查的通知》《关于加强河长制工作组织领导的通知》和《关于加快推进河长制有关工作的通知》等文件，将河长制工作任务分解细化，对各地（州、市）、县（市、区）、乡（镇）和水利厅直属流域管理机构推行河长制工作进行了全面部署安排。《自治区河长制会议制度》《自治区河长制信息通报制度》《自治区河长制工作督察制度》《自治区河长制信息共享制度》 | 2017年7月3日（先后下发） |
| 贵州省 | 《贵州省全面推行河长制总体工作方案》的实施意见（黔统字〔2017〕12号） | 2017年5月9日 |
| | 《贵州省人民政府办公厅关于在赤水河流域贵州段实施环境保护河长制的通知》（黔府办函〔2013〕42号） | 2013年4月15日 |
| | 《关于在乌江等重点流域实施环境保护河长制的通知》（黔府办函〔2014〕104号） | 2014年8月 |
| | 《贵州省赤水河流域环境保护河长制考核办法》（黔府办函〔2014〕69号） | 2014年6月 |
| | 《关于在赤水河流域贵州段实施环境保护河长制的通知》（黔府办函〔2013〕42号） | 2013年4月 |
| | 《关于在三岔河流域实施环境保护河长制的通知》（黔府办发〔2009〕59号） | 2009年6月 |
| 山东省 | 《山东省出台全面实行河长制工作方案》（鲁厅字〔2017〕14号） | 2017年3月31日 |
| | 《山东省人民政府关于印发山东省推动河长制湖长制从"有名"到"有实"工作方案的通知》（鲁政字〔2019〕16号） | 2019年1月 |

续表

| 省　份 | 名　　称 | 出台时间 |
|---|---|---|
| 天津市 | 《天津市关于全面推行河长制的实施意见》 | 2017 年 5 月 11 日 |
| | 《天津市关于全面落实湖长制的实施意见》 | 2019 年 12 月 25 日 |
| | 《天津市水务局关于启用天津市河长制工作领导小组及市河长制办公室印章的通知》（津水保〔2017〕15 号） | 2017 年 9 月 |
| | 《天津市人民政府办公厅转发市水务局拟定的天津市实行最严格水资源管理制度考核办法的通知》（津政办发〔2016〕53 号） | 2016 年 6 月 |
| 上海市 | 《关于本市全面推行河长制的实施方案》（沪委中发〔2017〕2 号） | 2017 年 2 月 6 日 |
| | 《关于印发 2018 年度特大型取水户"最严格水资源管理制度"考核指标分解表及工作评分表的通知》（沪水务〔2018〕1084 号） | 2018 年 10 月 |
| | 《上海市黄浦区人民政府办公室关于成立黄浦区河长制办公室的通知》（黄府办分〔2017〕036 号） | 2017 年 8 月 11 日 |
| | 《加强上海市水文服务河长制湖长制工作的实施方案》（沪水务〔2019〕886 号） | 2019 年 9 月 4 日 |
| 重庆市 | 《重庆市全面推行河长制工作方案》 | 2017 年 3 月 16 日 |
| 陕西省 | 《陕西省关于全面推行河长制的实施方案》 | 2017 年 2 月 7 日 |
| | 《陕西省国家水资源监控系统运行维护及监督管理办法》（陕水资发〔2018〕34 号） | 2019 年 1 月 |
| | 《中共陕西省委办公厅陕西省人民政府办公厅印发〈关于实施湖长制的意见〉的通知》 | 2018 年 2 月 24 日 |
| 广西壮族自治区 | 《广西壮族自治区交通运输厅关于印发落实全面推进河长制任务责任清单工作分工方案的通知》（桂交水运发〔2018〕7 号） | 2018 年 1 月 22 日 |
| | 《关于印发落实全面推进河长制任务责任清单工作分工方案的通知》（桂交水运发〔2018〕7 号） | 2018 年 1 月 |
| | 《广西壮族自治区全面推行河长制工作方案》（厅发〔2017〕27 号） | 2017 年 5 月 30 日 |
| 宁夏回族自治区 | 《宁夏回族自治区全面推行河长制工作方案》（宁党办〔2017〕43 号） | 2017 年 4 月 19 日 |
| 西藏自治区 | 《西藏自治区全面推行河长制工作方案》 | 2017 年 4 月 1 日 |
| 浙江省 | 《〈关于深化湖长制的实施意见〉的通知》 | 2018 年 7 月 4 日 |
| | 《浙江省全面深化河长制工作方案》（浙治水办发〔2017〕39 号） | 2017 年 6 月 22 日 |
| 辽宁省 | 《辽宁省全面推行河长制考核办法的通知》（辽政办发〔2018〕6 号） | 2018 年 2 月 2 日 |
| | 《关于印发辽宁省河长制工作管理办法（试行）》（辽政办发〔2017〕114 号） | 2017 年 10 月 |
| 海南省 | 《海南省全面推行河长制工作方案》 | 2017 年 3 月 30 日 |
| | 《关于在全省湖泊实施湖长制的意见》 | 2018 年 4 月 30 日 |

| 省　　份 | 名　　称 | 出台时间 |
|---|---|---|
| 河北省 | 《河北省河道管理范围内建设项目管理办法（暂行）》（冀法审〔2007〕84号） | 2016年12月 |
| | 《河北省实行河长制工作方案》 | 2017年3月1日 |
| 江苏省 | 《江苏省河道管理条例》（江苏省人民代表大会常务委员会公告第62号） | 2017年9月 |
| | 《江苏省河长制湖长制工作2018年度省级考核细则》 | 2018年5月11日 |
| | 《关于在全省全面推行河长制的实施意见》（苏办发〔2017〕18号） | 2017年3月2日 |
| | 《关于加强全省湖长制工作的实施意见》（苏办发〔2018〕22号） | 2018年7月27日 |
| 云南省 | 《云南省河（湖）长制工作问责办法》《云南省省级河（湖）长州（市）总河（湖）长副总河（湖）长述职实施方案》 | 2018年8月1日 |
| | 《关于印发云南省关于推动河长制湖长制从"有名"到"有实"实施方案的通知》 | 2018年12月 |
| 福建省 | 《关于在湖泊实施湖长制的实施意见》 | 2018年9月1日 |

## 第二节　河（湖）长制执法监管的法律体系

　　法治语境下的河长制行政执法监管是指通过法律授权的行政检查、行政强制、行政处罚等行政行为，督促水行政主体依法行使法定职权、履行法定职责，做好环保监督工作，提高环保执法工作效率，提升环保执法水平，实现行政目标的活动过程。目前来看，河（湖）长制执法监管的法律依据是指由宪法、法律、相关法规、规章、自治条例和单行条例构成的规范体系。

　　河（湖）长制执法监管的法律依据主要包括全国人大及其常委会制定的国家层面的法律、国务院出台的行政法规以及地方省、市层面的行政法规和规章制度法规。其中国家层面的法律包括《中华人民共和国宪法》《中华人民共和国水法》《中华人民共和国防洪法》《中华人民共和国水土保持法》《中华人民共和国水污染防治法》等。在此基础上，国务院作为我国政府体系内最高权力部门，在得到全国人大常委会授权后，根据《中华人民共和国宪法》和其他法律颁发的所有规范性文件也是水行政监管执法监督工作开展的主要依据之一，典型如《中华人民共和国水文条例》《中华人民共和国农田水利条例》《太湖流域管理条例》《中华人民共和国水土保持法实施条例》等行政法规，这类行政法规所涉及的河长制湖长制执法监管的相关内容是河湖执法监管工作得以展开的重要前提。此外，省、市级水行政法律法规对河长制行政执法监管也具有指导性。以广东省为例，省级层面的文件主要包括《广东省水利工程管理条例》《广东省河道堤防管理条例》等，市级层面包括《广州市排水管理办法》《广州市水务管理条例》等。

**一、相关法律规定**

河（湖）长制执法监管的最高法律依据是《中华人民共和国宪法》（以下简称《宪法》）。《宪法》作为我国根本大法，宪法中关于行政执法监管的原则性规定是各地政府执法、颁行规章制度的根基，是水行政执法监管行动有序开展的基本保障。《宪法》第八十九条规定的国务院职权中，其第 6 项规定了"领导和管理经济工作和城乡建设、生态文明建设"。明确规定地方政府是本辖区环境质量的责任主体。2014 年新修订的《中华人民共和国环境保护法》是环境保护的基本法，这一法律原则性地规定了环境保护的重大问题。我国 2014 年修订的《中华人民共和国环境保护法》第六条第 2 款规定："地方各级人民政府应当对本行政区域的环境质量负责。"第二十八条第 1 款规定："地方各级人民政府应当根据环境保护目标和治理任务，采取有效措施，改善环境质量。"对这些规定予以文本分析可以发现，虽然我国现行的环境法中没有直接规定河长制的具体内容，但是，河长制规定的由各级河长负责组织领导的河湖管理和保护工作这一内容设计，可以在《中华人民共和国环境保护法》规定的政府环境质量负责制中找到依据：河长制系统规定了各级地方政府党政负责人担任总河长与河长，并体系化地规定其工作职责，是地方政府环境质量负责制的具体实现形式。除《宪法》《中华人民共和国环境保护法》之外，目前对河长制有明确规定的法律是十二届全国人大常委会第二十八次会议表决通过的《中华人民共和国水污染防治法》（2017 年），新修订的《水污染防治法》将地方实践数年的河长制写进第一章总则第五条，规定在省、市、县、乡建立河长制，分级分段组织领导本行政区域内江河、湖泊的水资源保护、水域岸线管理、水污染防治、水环境治理等工作，加强对违法行为的惩治力度等，为解决比较突出的水污染问题和水生态恶化问题提供了强有力的法律武器。河长制是河湖管理工作的一项制度创新，河长制被写入法律有利于强化党政领导对水污染防治和水环境治理的责任，是河湖执法监管的重要法律依据。

此外，河湖执法监管涉及对中央政府、地方政府以及相关部门的各类行政行为进行监管，其中包括行政决策行为、行政立法行为及执行法律和实施国家行政管理的行政执行行为。因此，《中华人民共和国行政许可法》《中华人民共和国行政强制法》《中华人民共和国行政处罚法》等法律也会对河湖执法监管行为构成直接约束力。

目前来看，对我国河（湖）长制水行政执法构成约束力的法律主要有《中华人民共和国水法》《中华人民共和国防洪法》《中华人民共和国水土保持法》《中华人民共和国水污染防治法》等，详见表 3 - 3。

**二、行政法规、部门规章及地方性法规、规章**

行政法规、地方性法规和规章通常是对于已经颁行的各项法律、法规等内容的补充、明确和具体细化制度，而且从操作、执行来看相当灵活，也可以作为水行政河（湖）长制执法监管的法律依据之一。典型的如国务院颁布的《水文条例》《太湖流域管理条例》，以及水利部为加强水资源监督管理，落实最严格水资源管理制度，组织编制的《水资源管理监督检查办法（试行）》，为推动河长制尽快从"有名"向"有实"转变制定的《关于推动河长制从"有名"到"有实"的实施意见》等，这些行政法规、部门规章（表 3 - 4）都能够直接为河长制执法监管提供约束力。

表 3－3　　　　　　　河（湖）长制执法监管的主要法律依据

| 序号 | 分类 | 环境法律名称 | 颁布时间 | 施行时间 | 修订时间 | | |
|---|---|---|---|---|---|---|---|
| | | | | | 第一次 | 第二次 | 第三次 |
| 1 | 法律 | 《中华人民共和国宪法》 | 1982 年 12 月 4 日 | 1982 年 12 月 4 日 | | | |
| 2 | | 《中华人民共和国环境保护法》 | 2014 年 4 月 24 日 | 2015 年 1 月 1 日 | | | |
| 3 | | 《中华人民共和国水污染防治法》 | 1984 年 5 月 11 日 | 2008 年 6 月 1 日 | 1996 年 5 月 15 日 | 2008 年 2 月 28 日 | 2017 年 6 月 27 日 |
| 4 | | 《中华人民共和国水法》 | 2002 年 8 月 29 日 | 2002 年 10 月 1 日 | 2016 年 7 月 2 日 | | |
| 5 | | 《中华人民共和国水土保持法》 | 1991 年 6 月 29 日 | 2011 年 3 月 1 日 | 2010 年 12 月 25 日 | | |
| 6 | | 《中华人民共和国防洪法》 | 1997 年 8 月 29 日 | 1998 年 1 月 1 日 | 2009 年 8 月 27 日 | 2015 年 4 月 24 日 | 2016 年 7 月 2 日 |
| 7 | | 《中华人民共和国行政许可法》 | 2003 年 8 月 27 日 | 2004 年 7 月 1 日 | 2019 年 4 月 23 日 | | |
| 8 | | 《中华人民共和国行政强制法》 | 2011 年 6 月 30 日 | 2012 年 1 月 1 日 | | | |
| 9 | | 《中华人民共和国行政处罚法》 | 1996 年 3 月 17 日 | 1996 年 10 月 1 日 | 2009 年 8 月 27 日 | 2017 年 9 月 1 日 | |

表 3－4　　　　　河（湖）长制执法监管依据的主要行政法规和部门规章

| 序号 | 分类 | 环境法律名称 | 颁布时间 | 施行时间 | 修订时间 | | |
|---|---|---|---|---|---|---|---|
| | | | | | 第一次 | 第二次 | 第三次 |
| 1 | 行政法规 | 《淮河流域水污染防治暂行条例》（中华人民共和国国务院令第 588 号） | 1995 年 8 月 8 日 | 1995 年 8 月 8 日 | 2010 年 12 月 29 日 | | |
| | | 《中华人民共和国河道管理条例》（中华人民共和国国务院令第 698 号） | 1988 年 6 月 10 日 | 1988 年 6 月 10 日 | 2011 年 1 月 8 日 | 2017 年 3 月 1 日 | 2018 年 3 月 19 日 |
| 2 | | 《中华人民共和国城市供水条例》（中华人民共和国国务院令第 726 号） | 1994 年 7 月 19 日 | 1994 年 10 月 1 日 | 2018 年 3 月 19 日 | | |
| 3 | | 《中华人民共和国水文条例》（中华人民共和国国务院令第 676 号） | 2007 年 4 月 25 日 | 2007 年 6 月 1 日 | 2013 年 7 月 18 日 | 2016 年 2 月 6 日 | 2017 年 3 月 1 日 |
| 4 | | 《中华人民共和国农田水利条例》（中华人民共和国国务院令第 669 号） | 2016 年 5 月 17 日 | 2016 年 7 月 1 日 | | | |
| 5 | | 《太湖流域管理条例》 | 2011 年 9 月 7 日 | 2011 年 11 月 1 日 | | | |

| 序号 | 分类 | 环境法律名称 | 颁布时间 | 施行时间 | 修订时间 | | |
|---|---|---|---|---|---|---|---|
| | | | | | 第一次 | 第二次 | 第三次 |
| 6 | 行政法规 | 《中华人民共和国水土保持法实施条例》（中华人民共和国国务院令第588号） | 1993年8月1日 | 1993年8月1日 | 2010年12月29日 | | |
| 7 | | 《环境监察执法证件管理办法》（中华人民共和国环境保护令第23号） | 2013年12月26日 | 2014年3月1日 | | | |
| 8 | | 《环境保护行政执法与刑事司法衔接工作办法》（环监〔2017〕17号） | 2017年1月25日 | 2017年1月25日 | | | |
| 9 | | 《饮用水水源保护区污染防治管理规定》（中华人民共和国环境保护令第16号） | 1989年7月10日 | 1989年7月10日 | 2010年12月22日 | | |
| 10 | | 水利部《关于印发对河长制湖长制工作真抓实干成效明显地方进一步加大激励支持力度的实施办法的通知》（水河湖〔2019〕63号） | 2019年2月22日 | 2019年2月22日 | | | |
| 11 | 部门规章 | 水利部办公厅、环境保护部办公厅《关于建立河长制工作进展情况信息报送制度的通知》 | 2017年4月5日 | 2017年4月5日 | | | |
| 12 | | 水利部办公厅《关于开展2017年第二次全面推行河长制工作督导检查的通知》 | 2017年9月6日 | 2017年9月6日 | | | |
| 13 | | 《水土保持生态环境监测网络管理办法》（中华人民共和国水利部令第46号） | 2000年1月31日 | 2000年1月31日 | 2014年8月19日 | | |
| 14 | | 《水利部办公厅关于加强全面推行河长制工作制度建设的通知》（办建管函〔2017〕544号） | 2017年5月19日 | 2017年5月19日 | | | |
| 15 | | 水利部印发《关于推动河长制从"有名"到"有实"的实施意见的通知》（水河湖〔2018〕243号） | 2018年10月9日 | 2018年10月9日 | | | |

| 序号 | 分类 | 环境法律名称 | 颁布时间 | 施行时间 | 修 订 时 间 | | |
|---|---|---|---|---|---|---|---|
| | | | | | 第一次 | 第二次 | 第三次 |
| 16 | | 《河湖管理监督检查办法（试行）》（水河湖〔2019〕421号） | 2019年12月26日 | 2019年12月26日 | | | |
| 17 | 部门规章 | 水利部《关于印发对河长制湖长制工作真抓实干成效明显地方进一步加大激励支持力度实施办法的通知》（2020修订）（水河湖〔2020〕10号） | 2020年1月16日 | 2020年1月16日 | | | |
| 18 | | 水利部办公厅、生态环境部办公厅《关于印发全面推行河长制湖长制总结评估工作方案的通知》（办河湖函〔2018〕1509） | 2018年11月13日 | 2018年11月13日 | | | |
| 19 | | 水利部办公厅《河长制湖长制管理信息系统建设指导意见》《河长制湖长制管理信息系统建设技术指南》的通知（办建管〔2018〕10号） | 2018年1月12日 | 2018年1月12日 | | | |
| 20 | | 水利部印发《2020年河湖管理工作要点》（河湖函〔2020〕2号） | 2010年3月1日 | 2010年3月1日 | | | |

与河（湖）长制相关的地方性法规有很多，但各地出台的与河（湖）长制相关的地方性法规中较为重要的主要是《浙江省河长制规定》《海南省河长制湖长制规定》《江西省实施河长制湖长制条例》等，见表3-5。这些地方性法规、规章相较于其他地方性法规的不同之处在于，其直接以河长制、湖长制作为调整对象，对本省的河长制制度、湖长制制度进行专项立法以推进河长制的建设。而其他地方性法规则大多将河长制作为其中的一条进行简要的论述性规定。

表3-5 主要地方性法规、规章

| | | |
|---|---|---|
| 地方性法规 | 《雅安市村级河（湖）长制条例》 | 2020年1月1日实施 |
| | 《山南市实施河长制湖长制条例》 | 2019年9月1日实施 |
| | 《辽宁省河长湖长制条例》 | 2019年10月1日实施 |
| | 《吉林省河湖长制条例》 | 2019年3月28日实施 |
| | 《江西省实施河长制湖长制条例》 | 2019年1月1日实施 |
| | 《海南省河长制湖长制规定》 | 2018年11月1日实施 |
| | 《浙江省河长制规定》 | 2017年10月1日实施 |
| 地方性规章 | 《蚌埠市河湖长制规定》 | 2019年2月1日实施 |
| | 《黄山市河湖长制规定》 | 2018年7月18日实施 |

# 第三节 河（湖）长制执法监管的具体依据

全面加强河湖执法监管是各级水行政主管部门和流域机构的一项重要社会管理职责。宏观而言，对河湖执法过程的监管要在严格规范公正文明执法的前提下，坚持问题导向和目标导向，将重点河流、湖泊、水库执法工作开展情况、重大水事法案件查处情况以及行政处罚决定和整改决定执行情况等作为督导主要内容，以督导落实责任、推进重点难点问题解决，防止履职尽责不到位、监督执行不到位等问题。为落实河湖执法监管的任务，深刻转变政府职能，进一步加强和规范河湖执法的事中事后监管，《关于全面推行河长制的意见》明确了河长制的六大任务以及具体监管方式。将宏观意义上的执法程序落实到河湖治理实践中，体现为对河长制的六大任务，包括水资源保护、水域岸线管理、污染防治、水环境、水生态修复等方面的监管。下文将对相关法律规范中涉及河长制执法监管的具体内容方面的法律法规予以梳理。

## 一、水资源保护监管的依据

《关于全面推行河长制的意见》在第二部分强调要加强水资源保护。水资源保护方面的执法监管主要通过落实水资源管理制度，实行水资源消耗总量和强度双控行动，严格水功能区监督管理等方面来实现对水资源的动态监测和科学管理。从建立水资源管理责任和考核制度、健全水资源监控体系、完善水资源管理体制、完善水资源管理投入机制、健全政策法规和社会监督机制这五个方面出发，构建水资源监督管理保障体系，完善对水资源的合理配置和管理。

（1）要严格监督水资源管理制度的落实。国务院《关于实行最严格水资源管理制度的意见》在第二部分提出要加强水资源开发利用控制红线管理，严格实行用水总量控制。该意见从严格规划管理和水资源论证、严格控制流域和区域取用水总量、严格实施取水许可、严格规范取水许可审批管理，对取用水总量已达到或超过控制指标的地区，暂停审批建设项目新增取水、严格水资源有偿使用、强化水资源统一调度等方面出发强调对流域水资源开发利用的监管。

《中华人民共和国水法》第三十一条规定，从事水资源开发、利用、节约、保护和防治水害等水事活动，应当遵守经批准的规划；因违反规划造成江河和湖泊水域使用功能降低、地下水超采、地面沉降、水体污染的，应当承担治理责任。

《中华人民共和国水法》第四十八条规定，直接从江河、湖泊或者地下取用水资源的单位和个人，应当按照国家取水许可制度和水资源有偿使用制度的规定，向水行政主管部门或者流域管理机构申请领取取水许可证，并缴纳水资源费，取得取水权。但是，家庭生活和零星散养、圈养畜禽饮用等少量取水的除外。实施取水许可制度和征收管理水资源费的具体办法，由国务院规定。

（2）要严格水功能区监督管理，加强水功能区动态监测和科学管理。国务院《关于实行最严格水资源管理制度的意见》第十三条规定要严格水功能区监督管理。完善水功能区监督管理制度，建立水功能区水质达标评价体系，加强水功能区动态监测和科学管理。水功能区布局要服从和服务于所在区域的主体功能定位，符合主体功能区的发展方向和开发原则。从严核定水域纳污容量，严格控制入河湖排污总量。各级人民政府要把限制排污总量作为水污染防治和污染减排工作的重要依据。切实加强水污染防控，加强工业污染源控制，加大主要污染物减排力度，提高城市污水处理率，改善重点流域水环境质量，防治江河湖库富营养化。流域管理机构要加强重要江河湖泊的省界水质水量监测，严格入河湖排污口监督管理，对排污量超出水功能区限排总量的地区，限制审批新增取水和入河湖排污口。

《中华人民共和国水法》第三十二条规定，国务院水行政主管部门会同国务院环境保护行政主管部门、有关部门和有关省、自治区、直辖市人民政府，按照流域综合规划、水资源保护规划和经济社会发展要求，拟定国家确定的重要江河、湖泊的水功能区划，报国务院批准。跨省、自治区、直辖市的其他江河、湖泊的水功能区划，由有关流域管理机构会同江河、湖泊所在地的省、自治区、直辖市人民政府水行政主管部门、环境保护行政主管部门和其他有关部门拟定，分别经有关省、自治区、直辖市人民政府审查提出意见后，由国务院水行政主管部门会同国务院环境保护行政主管部门审核，报国务院或者其授权的部门批准。前款规定以外的其他江河、湖泊的水功能区划，由县级以上地方人民政府水行政主管部门会同同级人民政府环境保护行政主管部门和有关部门拟定，报同级人民政府或者其授权的部门批准，并报上一级水行政主管部门和环境保护行政主管部门备案。县级以上人民政府水行政主管部门或者流域管理机构应当按照水功能区对水质的要求和水体的自然净化能力，核定该水域的纳污能力，向环境保护行政主管部门提出该水域的限制排污总量意见。县级以上地方人民政府水行政主管部门和流域管理机构应当对水功能区的水质状况进行监测，发现重点污染物排放总量超过控制指标的，或者水功能区的水质未达到水域使用功能对水质的要求的，应当及时报告有关人民政府采取治理措施，并向环境保护行政主管部门通报。

（3）要建立健全水资源执法监管体系，保障水资源的合理开发与利用。国务院《关于实行最严格水资源管理制度的意见》第十六～二十条规定，要建立水资源管理责任和考核制度、健全水资源监控体系、完善水资源管理体制、完善水资源管理投入机制、健全政策法规和社会监督机制，从这五个方面出发构建水资源监督管理保障体系，完善对水资源的合理配置和管理。

**二、水域岸线管理保护监管的依据**

对水域岸线执法管理的监管要求从水域空间管控、水域岸线保护、涉河项目整治等方面着手，依法划定河道管理范围和水利工程监管范围，开展河湖岸线保护利用规划编制工作，对水域岸线乱占滥用、多占少用、占而不用等突出问题开展监督整治。具体而言，对水域岸线的监管主要是对河道管理范围和水利工程范围的监管，对水域岸线保护利用、乱建问题的监管，以及严防违法利用港口岸线行为的监督管理。

（1）划定河道管理范围和水利工程监管范围，开展河湖岸线保护利用规划编制工作。《中华人民共和国河道管理条例》第五条规定，国家对河道实行按水系统一管理和分级管理相结合的原则。长江、黄河、淮河、海河、珠江、松花江、辽河等大江大河的主要河段，跨省、自治区、直辖市的重要河段，省、自治区、直辖市之间的边界河道以及国境边界河道，由国家授权的江河流域管理机构实施管理，或者由上述江河所在省、自治区、直辖市的河道主管机关根据流域统一规划实施管理。其他河道由省、自治区、直辖市或者市、县的河道主管机关实施管理。

《中华人民共和国河道管理条例》第六条规定，河道要划分等级。河道等级标准由国务院水行政主管部门制定。

《中华人民共和国水法》第十九条规定，建设水利工程，必须符合流域综合规划。在国家确定的重要江河、湖泊和跨省、自治区、直辖市的江河、湖泊上建设水工程，未取得有关流域管理机构签署的符合流域综合规划要求的规划同意书的，建设单位不得开工建设；在其他江河、湖泊上建设水工程，未取得县级以上地方人民政府水行政主管部门按照管理权限签署的符合流域综合规划要求的规划同意书的，建设单位不得开工建设。水工程建设涉及防洪的，依照《中华人民共和国防洪法》的有关规定执行；涉及其他地区和行业的，建设单位应当事先征求有关地区和部门的意见。

《中华人民共和国防洪法》第十七条规定，在江河、湖泊上建设防洪工程和其他水工程、水电站等，应当符合防洪规划的要求；水库应当按照防洪规划的要求留足防洪库容。前款规定的防洪工程和其他水工程、水电站未取得有关水行政主管部门签署的符合防洪规划要求的规划同意书的，建设单位不得开工建设。

《中华人民共和国防洪法》第二十八条规定，对于河道、湖泊管理范围内依照本法规定建设的工程设施，水行政主管部门有权依法检查；水行政主管部门检查时，被检查者应当如实提供有关的情况和资料。前款规定的工程设施竣工验收时，应当有水行政主管部门参加。

（2）对水域岸线乱占滥用、多占少用、占而不用等突出问题开展监督整治。《中华人民共和国防洪法》第二十二条规定，河道、湖泊管理范围内的土地和岸线的利用，应当符合行洪、输水的要求。禁止在河道、湖泊管理范围内建设妨碍行洪的建筑物、构筑物，倾倒垃圾、渣土，从事影响河势稳定、危害河岸堤防安全和其他妨碍河道行洪的活动。禁止在行洪河道内种植阻碍行洪的林木和高秆作物。在船舶航行可能危及堤岸安全的河段，应当限定航速。限定航速的标志，由交通主管部门与水行政主管部门商定后设置。

《中华人民共和国防洪法》第四十二条规定，对河道、湖泊范围内阻碍行洪的障碍物，按照谁设障、谁清除的原则，由防汛指挥机构责令限期清除；逾期不清除的，由防汛指挥机构组织强行清除，所需费用由设障者承担。在紧急防汛期，国家防汛指挥机构或者其授权的流域、省、自治区、直辖市防汛指挥机构有权对壅水、阻水严重的桥梁、引道、码头和其他跨河工程设施作出紧急处置。

《中华人民共和国水法》第三十七条规定，禁止在江河、湖泊、水库、运河、渠道内弃置、堆放阻碍行洪的物体和种植阻碍行洪的林木及高秆作物。禁止在河道管理范围内建设妨碍行洪的建筑物、构筑物以及从事影响河势稳定、危害河岸堤防安全和其他妨碍河道行洪的活动。

《中华人民共和国防洪法》第三十八条规定，在河道管理范围内建设桥梁、码头和其他拦河、跨河、临河建筑物、构筑物，铺设跨河管道、电缆，应当符合国家规定的防洪标准和其他有关的技术要求，工程建设方案应当依照防洪法的有关规定报经有关水行政主管部门审查同意。因建设前款工程设施，需要扩建、改建、拆除或者损坏原有水工程设施的，建设单位应当负担扩建、改建的费用和损失补偿。但是，原有工程设施属于违法工程的除外。

（3）严防违法利用港口岸线行为，加强对港口岸线的利用。交通运输部办公厅、国家发展改革委办公厅《关于严格管控长江干线港口岸线资源利用的通知》提出，依法打击违法利用港口岸线行为。加大非法码头治理和整改力度，严防未批先建、占而不用、多占少用港口岸线现象反弹。未取得港口岸线许可或超出许可规模和范围建设的码头设施，当地港口行政管理部门要对业主进行约谈，责令限期改正，并依法进行行政处罚或行政强制，行政处罚决定书或行政强制决定书应纳入本级或上一级相关信用管理平台。岸线使用自批准文件之日起两年内码头未开工建设，且未按规定办理延期手续的，岸线使用许可自动失效。严格控制拟分期实施项目的一次性申报港口岸线规模。对于长江干线非法码头、非法采砂专项整治工作后出现新的违法利用岸线行为，当地港口行政管理部门和发展改革部门要坚决查处、严肃整改，并将有关情况报交通运输部和国家发展改革委。

交通运输部办公厅、国家发展改革委办公厅《关于严格管控长江干线港口岸线资源利用的通知》提出，严格管理临时使用的港口岸线。应统筹利用已有码头设施，原则上不应设置临时性的码头或装卸点。重点工程项目建设和执行防汛等应急保障特殊任务确需设置临时性码头或装卸点的，应在工程完工前或任务完成后及时拆除，恢复自然状态，坚决杜绝"批临长用"现象。

（4）《关于在湖泊实施湖长制的指导意见》在第四部分中规定严格湖泊水域空间管控，加强对水域岸线保护利用以及对水域岸线乱建问题的管理，这对河长制执法监管提供了可参考的依据。各地区各有关部门要依法划定湖泊管理范围，严格控制开发利用行为，将湖泊及其生态缓冲带划为优先保护区，依法落实相关管控措施。严禁以任何形式围垦湖泊、违法占用湖泊水域。严格控制跨湖、穿湖、临湖建筑物和设施建设，确需建设的重大项目和民生工程，要优化工程建设方案，采取科学合理的恢复和补救措施，最大限度减少对湖泊的不利影响。严格管控湖区围网养殖、采砂等活动。流域、区域涉及湖泊开发利用的相关规划应依法开展规划环评，湖泊管理范围内的建设项目和活动，必须符合相关规划并科学论证，严格执行工程建设方案审查、环境影响评价等制度。

**三、水污染防治监管的依据**

对水污染防治过程中的监管主要是通过全面落实《水污染防治行动计划》、加强源头控制、确立水污染防治监管主体、实施江河湖泊流域水污染监测制度等方面来实现防治目标和任务，对河湖取水、用水和排水全过程进行监督管理，控制取水总量，维持河流湖泊生态健康。

（1）加强对河流湖泊水污染防治的监管。《水污染防治法》第三十八条规定，禁止在江河、湖泊、运河、渠道、水库最高水位线以下的滩地和岸坡堆放、存贮固体废弃物和其他污染物。

《水污染防治法》第二十二条规定，向水体排放污染物的企业事业单位和其他生产经营者，应当按照法律、行政法规和国务院环境保护主管部门的规定设置排污口；在江河、湖泊设置排污口的，还应当遵守国务院水行政主管部门的规定。

（2）确立水污染防治的监管主体，明晰监管主体的权责范围。《水污染防治法》第九条规定县级以上人民政府环境保护主管部门对水污染防治实施统一监督管理；县级以上人民政府水行政、国土资源、卫生、建设、农业、渔业等部门以及重要江河、湖泊的流域水资源保护机构，在各自的职责范围内，对有关水污染防治实施监督管理。

《水污染防治法》第十六条规定，防治水污染应当按流域或者按区域进行统一规划。国家确定的重要江河、湖泊的流域水污染防治规划，由国务院环境保护主管部门会同国务院经济综合宏观调控、水行政等部门和有关省、自治区、直辖市人民政府编制，报国务院批准。前款规定外的其他跨省、自治区、直辖市江河、湖泊的流域水污染防治规划，根据国家确定的重要江河、湖泊的流域水污染防治规划和本地实际情况，由有关省、自治区、直辖市人民政府环境保护主管部门会同同级水行政等部门和有关市、县人民政府编制，经有关省、自治区、直辖市人民政府审核，报国务院批准。省、自治区、直辖市内跨县江河、湖泊的流域水污染防治规划，根据国家确定的重要江河、湖泊的流域水污染防治规划和本地实际情况，由省、自治区、直辖市人民政府环境保护主管部门会同同级水行政等部门编制，报省、自治区、直辖市人民政府批准，并报国务院备案。经批准的水污染防治规划是防治水污染的基本依据，规划的修订须经原批准机关批准。县级以上地方人民政府应当根据依法批准的江河、湖泊的流域水污染防治规划，组织制定本行政区域的水污染防治规划。

（3）全面落实《水污染防治行动计划》，实施入河排污口整治，确立完善江河、湖泊流域水污染监测机制。《水污染防治法》第二十二条规定，向水体排放污染物的企业事业单位和其他生产经营者，应当按照法律、行政法规和国务院环境保护主管部门的规定设置排污口；在江河、湖泊设置排污口的，还应当遵守国务院水行政主管部门的规定。

《水污染防治法》第十九条规定，新建、改建、扩建直接或者间接向水体排放污染物的建设项目和其他水上设施，应当依法进行环境影响评价。建设单位在江河、湖泊新建、改建、扩建排污口的，应当取得水行政主管部门或者流域管理机构同意。

《水污染防治法》第二十五条规定，国家建立水环境质量监测和水污染物排放监测制度。国务院环境保护主管部门负责制定水环境监测规范，统一发布国家水环境状况信息，会同国务院水行政等部门组织监测网络，统一规划国家水环境质量监测站（点）的设置，建立监测数据共享机制，加强对水环境监测的管理。第二十六条规定，国家确定的重要江河、湖泊流域的水资源保护工作机构负责监测其所在流域的省界水体的水环境质量状况，并将监测结果及时报国务院环境保护主管部门和国务院水行政主管部门；有经国务院批准成立的流域水资源保护领导机构的，应当将监测结果及时报告流域水资源保护领导机构。

（4）建立健全河湖流域水环境保护联合协调机制。《水污染防治法》第二十八条规定，国务院环境保护主管部门应当会同国务院水行政等部门和有关省、自治区、直辖市人民政府，建立重要江河、湖泊的流域水环境保护联合协调机制，实行统一规划、统一标准、统一监测、统一的防治措施。

### 四、水环境治理监管的依据

水环境治理的相关执法监管措施主要从强化水环境质量目标管理及加强河湖水环境综合整治这两方面出发，对各类水体的水质、饮用水水源的安全、水环境治理网格化和信息化建设等河湖水环境予以监管。

（1）规定加强水环境治理，切实保障水体水质、水源的安全性。《中华人民共和国水法》第三十三条规定，国家建立饮用水水源保护区制度。省、自治区、直辖市人民政府应当划定饮用水水源保护区，并采取措施，防止水源枯竭和水体污染，保证城乡居民饮用水安全。

《中华人民共和国水法》第三十四条规定，禁止在饮用水水源保护区内设置排污口。在江河、湖泊新建、改建或者扩大排污口，应当经过有管辖权的水行政主管部门或者流域管理机构同意，由环境保护行政主管部门负责对该建设项目的环境影响报告书进行审批。

《中华人民共和国水法》第三十五条规定，从事工程建设，占用农业灌溉水源、灌排工程设施，或者对原有灌溉用水、供水水源有不利影响的，建设单位应当采取相应的补救措施；造成损失的，依法给予补偿。

（2）加大河湖水环境综合整治力度。按照水功能区区划确定各类水体水质保护目标，强化湖泊水环境整治，限期完成存在黑臭水体的湖泊和入湖河流整治。在作为饮用水水源地的湖泊，开展饮用水水源地安全保障达标和规范化建设，确保饮用水安全。加强湖区周边污染治理，开展清洁小流域建设。加大湖区综合整治力度，有条件的地区，在采取生物净化、生态清淤等措施的同时，可结合防洪、供用水保障等需要，因地制宜加大湖泊引水排水能力，增强湖泊水体的流动性，改善湖泊水环境❶。

**五、水生态修复监管的依据**

对水生态修复的相关执法监管措施主要包括对河湖生态修复和保护的监管，完善生态保护补偿机制以及加强水土流失预防监督和综合整治。

目前在法律层面尚无直接针对河湖水生态修复的监管措施。在政策层面，《关于在湖泊实施湖长制的指导意见》提出了开展湖泊生态治理与修复，实施湖泊健康评估。加大对生态环境良好湖泊的严格保护，加强湖泊水资源调控，进一步提升湖泊生态功能和健康水平。积极有序推进生态恶化湖泊的治理与修复，加快实施退田还湖还湿、退渔还湖，逐步恢复河湖水系的自然连通。加强湖泊水生生物保护，科学开展增殖放流，提高水生生物多样性。因地制宜推进湖泊生态岸线建设、滨湖绿化带建设、沿湖湿地公园和水生生物保护区建设。

（1）推进河湖生态修复和保护，对重要生态保护区实行更严格的监管和保护。《生态环境损害赔偿制度改革方案》第四部分第六条规定，要加强生态环境修复与损害赔偿的执行和监督。赔偿权利人及其指定的部门或机构对磋商或诉讼后的生态环境修复效果进行评估，确保生态环境得到及时有效的修复。生态环境损害赔偿款项使用情况、生态环境修复效果要向社会公开，接受公众监督。

《最高人民法院关于审理生态环境损害赔偿案件的若干规定（试行）》第十二条规定，受损生态环境能够修复的，人民法院应当依法判决被告承担修复责任，并同时确定被告不履行修复义务时应承担的生态环境修复费用；生态环境修复费用包括制定、实施修复方案的费用，修复期间的监测、监管费用，以及修复完成后的验收费用、修复效果后评估费用

---

❶　《关于在湖泊实施湖长制的指导意见》在第四部分第四条对河湖水环境治理从政策层面给予引导，可以作为执法时的参照依据。

等；原告请求被告赔偿生态环境受到损害至修复完成期间服务功能损失的，人民法院根据具体案情予以判决。第十三条规定，受损生态环境无法修复或者无法完全修复，原告请求被告赔偿生态环境功能永久性损害造成的损失的，人民法院根据具体案情予以判决。

（2）积极推进建立生态保护补偿机制，切实保障不同阶段流域的生态功能。《中华人民共和国水污染防治法》第八条规定国家通过财政转移支付等方式，建立健全对位于饮用水水源保护区区域和江河、湖泊、水库上游地区的水环境生态保护补偿机制。

国务院办公厅《关于健全生态保护补偿机制的意见》规定，在江河源头区、集中式饮用水水源地、重要河流敏感河段和水生态修复治理区、水产种质资源保护区、水土流失重点预防区和重点治理区、大江大河重要蓄滞洪区以及具有重要饮用水源或重要生态功能的湖泊，全面开展生态保护补偿，适当提高补偿标准。加大水土保持生态效益补偿资金筹集力度。（水利部、环境保护部、住房和城乡建设部、农业部、财政部、国家发展改革委负责）

国务院办公厅《关于健全生态保护补偿机制的意见》第十三条规定，推进横向生态保护补偿。研究制定以地方补偿为主、中央财政给予支持的横向生态保护补偿机制办法。鼓励受益地区与保护生态地区、流域下游与上游通过资金补偿、对口协作、产业转移、人才培训、共建园区等方式建立横向补偿关系。鼓励在具有重要生态功能、水资源供需矛盾突出、受各种污染危害或威胁严重的典型流域开展横向生态保护补偿试点。在长江、黄河等重要河流探索开展横向生态保护补偿试点。继续推进南水北调中线工程水源区对口支援、新安江水环境生态补偿试点，推动在京津冀水源涵养区、广西广东九洲江、福建广东汀江—韩江、江西广东东江、云南贵州广西广东西江等开展跨地区生态保护补偿试点。（财政部会同国家发展改革委、国土资源部、环境保护部、住房和城乡建设部、水利部、农业部、国家林业局、国家海洋局负责）

国家发展改革委《关于印发〈生态综合补偿试点方案〉的通知》的第二部分第二条规定，推进建立流域上下游生态补偿制度。推进流域上下游横向生态保护补偿，加强省内流域横向生态保护补偿试点工作。完善重点流域跨省断面监测网络和绩效考核机制，对纳入横向生态保护补偿试点的流域开展绩效评价。鼓励地方探索建立资金补偿之外的其他多元化合作方式。

（3）加强水土流失预防监督和综合整治，完善全国水土保持生态环境监测体系。《水土保持生态环境监测网络管理办法》第九条规定全国水土保持生态环境监测站网由以下四级监测机构组成：一级为水利部水土保持生态环境监测中心，二级为大江大河（长江、黄河、海河、珠江、松花江及辽河、太湖等）流域水土保持生态环境监测中心站，三级为省级水土保持生态环境监测总站，四级为省级重点防治区监测分站。省组重点防护区监测分站，根据全国及省水土保持生态环境监测规划，设立相应监测点。具体布设应结合目前水土保持科研所（站、点）及水文站点的布设情况建设，避免重复，部分监测项目可委托相关站进行监测。国家负责一级、二级监测机构的建设和管理，省（自治区、直辖市）负责三级、四级及监测点的建设和管理。按水土保持生态环境监测规划建设的监测站点不得随意变更，确需调整的须经规划批准机关的审查同意。

**【教学案例 3-1 解析】**

该案是在河（湖）长制的推进过程中关于相关制度执行主体法定职责、法定程序以及法律适用的一起典型的行政诉讼案件。

（1）该案涉及对于河长制相关文件的执行主体法定职责问题，相关主体职责的认定是分析执法监管是否合法的前提条件。这一问题可以进一步拆分为执法单位是否具有资质、执行行为是否与执行主体的职责相适应这两个问题。第一，作为执法单位的灵武市防汛抗旱指挥部办公室确定为被告灵武市水务局所属事业单位，负责河堤、主要沟道等防洪设施的巡查和报修工作。被告的法定地位直接由中共灵武市委办公室、灵武市人民政府办公室共同印发的灵党办〔2019〕40 号和灵党办〔2019〕66 号文件和灵武市机构编制委员会印发的灵编发〔2018〕26 号文件赋予。因此，执法单位的行政资质是清晰的。第二，原告的养鸡场坐落于河道附近。依据《中华人民共和国防洪法》第二十二条、第三十三条、第四十二条规定，禁止在河道管理范围内建设妨碍行洪的建筑物，对河道、湖泊范围内阻碍行洪的障碍物，按照谁设障、谁清除的原则，由防汛指挥机构责令限期清除；逾期不清除的，由防汛指挥机构组织强行清除，所需费用由设障者承担。

根据上述规定，涉案养殖场在滨河大道（黄河标准化堤防）范围内，违反了《中华人民共和国防洪法》和《中华人民共和国河道管理条例》有关规定，对公共安全造成较大影响，灵武市水务局对辖区河道行使管理权，依法拆除阻碍行洪的建筑物。水域、沙洲、滩地（包括可耕地）、行洪区、两岸堤防及护堤地。综上，被告灵武市水务局享有强制清除河道范围内阻碍行洪障碍物的执法权，执行行为也与执行主体的职责相适应。

（2）该案是否涉及适用法律不当的行为？笔者发现，无论是在一般行政强制意义上还是立即代履行意义上，行政主体均存在适用法律不当的行为。假设行政主体的拆除行为是一项一般履行行为，那么依据灵武市防汛抗旱指挥部办公室印发《灵武市开展"保护母亲河"清除黄河沿线违章建筑物活动实施方案》，被告依据该方案对原告的养鸡场进行强制拆除时，优先根据的应是《中华人民共和国行政强制法》的规定，而非作为下位法的《中华人民共和国防洪法》《中华人民共和国河道管理条例》《宁夏回族自治区水工程管理条例》。《中华人民共和国行政强制法》第三十五条、第三十六条、第三十七条、第四十四条的规定，行政机关作出强制执行决定前，应当事先催告当事人履行义务。当事人在收到催告书后有权进行陈述和申辩。行政机关应当充分听取当事人的意见，当事人提出的事实、理由或证据成立的，行政机关应当采纳。经催告，当事人逾期仍不履行行政决定，且无正当理由的，行政机关可以作出强制执行决定。

对违法建筑物、构筑物、设施等需要强制拆除的，应当由行政机关予以公告，限期当事人自行拆除。当事人在法定期限内不申请行政复议或者提起行政诉讼，又不拆除的，行政机关可以依法强制拆除。

本案中，被告在2018年5月8日以灵武市防汛抗旱指挥部办公室名义向原告下发灵武市防汛安全检查通知单，要求原告于2018年5月14日前拆除养鸡场所有建筑设施。该检查通知单中对违反的法律法规规定，仅勾选了《中华人民共和国防洪法》《中华人民共和国河道管理条例》《宁夏回族自治区水工程管理条例》名称，没有写明具体条款。被告在没有告知原告有陈述和申辩的权利，没有作出相应行政拆除决定，没有进行催告，没有作出强制执行决定的情形下，直接组织人员实施强制拆除行为，违反了《中华人民共和国行政强制法》中关于强制拆除的程序性规定。因此，行政主体本应适用上位法却不适用。这是典型的因为法律适用不当导致的行政违法。

即使是将行政主体的强制行为看做是代履行行为，行政主体同样错误地适用了《中华人民共和国行政强制法》。《中华人民共和国行政强制法》第五十条规定："行政机关依法作出要求当事人履行排除妨碍、恢复原状等义务的行政决定，当事人逾期不履行，经催告仍不履行，其后果已经或者将危害交通安全、造成环境污染或者破坏自然资源的，行政机关可以代履行，或者委托没有利害关系的第三人代履行。"第五十二条规定："需要立即清除道路、河道、航道或者公共场所的遗洒物、障碍物或者污染物，当事人不能清除的，行政机关可以决定立即实施代履行；当事人不在场的，行政机关应当在事后立即通知当事人，并依法作出处理。"灵武市水务局称其实施的涉案强制拆除行为系《中华人民共和国行政强制法》第五十二条规定的即时代履行。但该条规定的即时代履行制度，只能在紧急情况下适用。而本案中，被上诉人司某于2003年开始在涉案土地上建设养鸡场，已经营多年。黄河标准化堤防工程的防洪区范围于2009年亦已确定。上诉人在二审询问时陈述其之前就发现了被上诉人的养鸡场位于防洪区范围内，但未予拆除，只是在2018年的清河行动中才予以集中整治拆除。故上诉人的涉案强制拆除行为不属于即时代履行规定的紧急情况，不应适用《中华人民共和国行政强制法》第五十二条的规定。根据《中华人民共和国行政强制法》第五十一条的规定，代履行同样要遵守行政强制执行的一般程序。行政主体在未作出相应行政拆除决定，未对被上诉人进行催告，亦未作出强制执行决定的情形下，直接组织人员实施强制拆除行为，可以视作是因法律适用错误导致的明显违法。

基于以上分析，虽然行政主体本身具有执法资格，但是由于行政主体并不适用本应当适用的《中华人民共和国行政强制法》，而是将其行政强制行为的依据挂靠在作为下位法的《中华人民共和国河道管理条例》《宁夏回族自治区水工程管理条例》等法上，导致了行政主体无论是将自身的行为视为一般行政强制还是代履行，都难以避免适用法律错误导致的败诉风险。

**【教学案例 3-2 解析】**

梁平区环境执法支队作出的行政处罚适用法律、法规正确、处罚适当。

根据《畜禽养殖业污染物排放标准》，凤翔合作社"年存栏3.5万只蛋鸡养殖"项目系集约化畜禽养殖场的二级规模养殖。《畜禽规模养殖污染防治条例》第十八条规定"将畜禽粪便、污水、沼渣、沼液用作肥料的，应当与土地的消纳能力相适应，并采取有效措施，消除可能引起的微生物，防止污染环境和传播疫病"。《中华人民共和国固体废物污染环境防治法》第二十条第1款规定，"从事畜禽规模养殖应当按照国家有关规定收集、储存、利用或者处置养殖过程中产生的畜禽粪便，防治污染环境"。凤翔合作社租用土地综合利用、处理畜禽粪便属于采取了一定的污染治理措施，其利用范围内土地消纳污染物具有一定的相适应性。但外排污染物超标，整体外环境已与土地消纳能力不相适应，已造成环境污染，梁平区梁平环境执法支队认定凤翔合作社违反上述法律、法规的规定。

《畜禽规模养殖污染防治条例》第四十条规定，"违反本条例规定，有下列行为之一的，由县级以上地方人民政府环境保护主管部门责令停止违法行为，限期采取治理措施消除污染，依照《中华人民共和国水污染防治法》《中华人民共和国固体废物污染环境防治法》的有关规定予以处罚：（1）将畜禽养殖废弃物用作肥料，超出土地消纳能力，造成环境污染的；（2）从事畜禽养殖活动或者畜禽养殖废弃物处理活动，未采取有效措施，导致畜禽养殖废弃物渗出、泄漏的"。《中华人民共和国固体废物污染环境防治法》第七十一条规定，"从事畜禽规模养殖未按照国家有关规定收集、储存、处置畜禽粪便，造成环境污染的，由县级以上地方人民政府环境保护行政主管部门责令限期改正，可以处五万元以下的罚款"。本案中，凤翔合作社未采取有效污染防治措施，导致畜禽养殖废弃物外排，破坏了土地消纳能力，造成环境污染的行为，应承担相应行政责任。梁平环境执法支队适用上述罚则，结合考量了凤翔合作社主观无故意、一定的自然因素等情形，从轻对凤翔合作社予以罚款壹万元的处罚，处罚适用法律、法规正确，罚款数额适当。对凤翔合作社辩称依据《中华人民共和国固体废物污染环境防治法》第二条"本法适用于中华人民共和国固体废物污染环境的防治"的规定，该法仅是对固体废物污染环境的调整而本案不应适用的理由。法院认为，本案行政处罚所适用该法的罚则中，对污染物明确为畜禽养殖废弃物，系畜禽养殖活动或者畜禽养殖废弃物处理活动而产生，罚则中的"畜禽养殖废弃物渗出、泄漏""……收集、储存、处置畜禽粪便，造成环境污染……"规定亦说明并非以固体或者液态为适用该法标准，因此凤翔合作社该辩称理由不成立，梁平区环境执法支队适用上述法律、法规为处罚依据正确。

**【思考题】**

3-1 如何理解河长制执法监管的内涵？河长制执法监管的特征是什么？

3-2 强调河长制执法"强监管"的意义何在？

3-3 宏观而言，河长制执法监管的法律体系包括哪些方面？

3-4 河长制执法监管法律适用的过程中需要注意哪些方面？

3-5 陈某系个体工商户龙泉驿区大面街道办德龙加工厂业主，自 2011 年 3 月开始加工生产钢化玻璃。2012 年 11 月 2 日，成都市成华区环境保护局（以下简称成华区环保局）在德龙加工厂位于成都市成华区保和街道办事处天鹅社区一组 B-10 号的厂房检查时，发现该厂涉嫌私自设置暗管偷排污水。成华区环保局经立案调查后，依照相关法定程序，于 2012 年 12 月 11 日作出成华环保罚字〔2012〕1130-01 号行政处罚决定。陈某不服，遂诉至法院，请求撤销该处罚决定。

在本案中，成华区环保局在作出对陈某的处罚决定时，应当依据哪一法律？

3-6 白山市江源区中医院新建综合楼时，未建设符合环保要求的污水处理设施即投入使用。吉林省白山市人民检察院发现该线索后进行了调查。调查发现，白山市江源区中医院通过渗井、渗坑排放医疗污水。经对其排放的医疗污水及渗井周边土壤取样检验，化学需氧量、五日生化需氧量、悬浮物、总余氯等均超过国家标准。还发现白山市江源区卫生和计划生育局在白山市江源区中医院未提交环评合格报告的情况下，对其"医疗机构职业许可证"校验为合格，且对其违法排放医疗污水的行为未及时制止，存在违法行为。

在这一案件中，有这样几个有关法律适用的问题有待思考：

（1）被告白山市江源区卫生和计划生育局为第三方白山市江源区中医院校验"医疗机构执业许可证"的行为违法的具体依据应当是什么？

（2）判令白山市江源区卫生和计划生育局履行法定监管职责，并责令白山市江源区卫生和计划生育局限期对白山市江源区中医院的医疗污水净化处理设施进行整改的法律依据应当是什么？

（3）判令白山市江源区中医院立即停止违法排放医疗污水应当依据哪一法律？

# 第四章

# 河（湖）长制执法监管的客体

**【教学案例 4 - 1】**

涵江区水务局接到群众举报并进行现场调查后发现，某有限公司未经行政主管部门批准，擅自在某村填占河道。2011 年 7 月 5 日，区水务局向某有限公司送达《责令停止水事违法行为通知书》，并于同年 8 月 26 日对某有限公司擅自填占河道行为出具〔2011〕11 号水行政处罚决定书。主要内容为：①停止违法行为；②清除河道内填占的石块、渣土、建筑垃圾，恢复原状，所需费用由违法者承担；③处罚款人民币 9 万元整。某有限公司未自动履行行政处罚决定书所确认的义务，且在法定期限内未申请行政复议，亦未提起行政诉讼。2012 年 2 月 24 日，区水务局向法院申请强制执行。

2012 年 2 月 29 日，福建省莆田市涵江区人民法院出具〔2012〕涵执审字第 61 号行政裁定书，认为区水务局出具的〔2011〕11 号行政处罚决定书在行政主体、行政权限、行为根据方面基本合法，裁定依法予以强制执行。本案移送执行后，该院执行局认为上述裁定书所依据的行政处罚决定书内容不清，无法强制执行。

**【问题】**本案中区水务局的行政执法客体是什么？行政执法客体的认定与法院无法强制执行处罚决定书有无关联？

**【教学案例 4 - 2】**

1997 年 12 月 31 日，赵某与富国村村民委员会签订草原承包合同，承包草原 4275 亩，期限 30 年，从 1998 年 1 月 1 日至 2027 年 12 月 31 日。2011 年赵某病故，承包的草原重新发包。2012 年，富国村分别与贾某、李某等人签订草原承包合同。2014 年，贾某、李某等人经富国村同意将其转包给章某。2016 年 6 月，章某在对其中的 64hm² 盐碱地开垦耕种时，县水利局派其工作人员进行了阻止，致使章某未能耕种。章某向法院提起行政诉讼，要求确认被告通榆县水利局阻止原告在其承包地内开垦耕种的行政行为违法，并赔偿未能耕作的经济损失。

诉讼中，原告提供以下证据：①2012 年县国土资源局地籍调查表两册，证明争议地的使用权人是富国村；②富国村村委会出具的证明，证明争议地是 1997 年 12 月 31 日赵某承包合同中的一部分土地；③草原转让合同及测绘图，证明原告通过转让的方式取得争议土地使用权；④通榆县人民法院（2015）通法向民初字第 221 号民事判决书，证明原告对 170hm² 的草原享有承包经营权，该地系当年赵某承包合同中的一部分，以此类推，原告与贾某签订的合同中的土地是富国村的；⑤1997年富国村与赵某签订的草原承包合同，证明1998年富国村就将争议地发包给赵某，不是河道；⑥第二次全国土地调查利用现状图（简称"二调图"）证明争议地为盐碱地，不是河道。被告县水利局提供以下证据：①国家测绘总局绘制的地形图，证明争议地为河道；②责令停止河道违法行为通知书，证明2016年6月16日被告派员到原告耕种现场，责令原告停止开垦河道的行为。③证人齐某和燕某当庭证言，证明2016年6月16日，接到群众举报，证人及时赶到现场，制止原告的开垦行为，向原告下达责令停止河道违法行为通知书，原告当时没有接收，但违法行为被制止，当时原告已经耕种十多垧葵花和绿豆。法院依法调取以下证据：县国土资源局的说明：第二次全国土地调查利用现状图地类情况认定是依据2008年遥感影像现状和现场踏查情况进行认定的，但不能确定土地使用权情况；地籍调查表通过权属调查和地籍测量，查清宗地的权属、界址线、面积、用途和位置等情况，形成数据、图件、表册等调查资料，为土地注册登记、核发证书提供依据，是土地登记的基础工作。

　　**【问题】** 本案中，应如何认定行政执法的客体？法院应如何判决？

# 第一节　河（湖）长制执法监管客体的要素

### 一、行政执法客体的概念

　　行政执法的客体是指行政执法人员所享有权利与所承担义务指向的内容，即行政执法相对人的行政违法行为。关于行政违法行为，学界有不同观点。有学者认为，行政违法行为是违反行政管理法规的行为，即公民、国家公职人员、国家机关和企事业单位以及其他社会组织不履行行政管理法规所规定的义务，或者做行政法所禁止的行为。有学者认为，行政违法行为，是指行政相对人所实施的违反行政法律规范而依法应当追究行政法律责任的行为。两种行政违法行为的内涵与外延并不一致，前者实为责任构成意义上的行政违法行为，后者则为责任成立意义上的行政违法行为。前者只是有成为行政执法客体的可能性，而后者则有成为行政执法客体的必然性。前者只是强调行政相对人之行为符合了相关行政法律规范的构成要件，而后者不仅强调行政相对人之行为符合了相关行政法规规范构成要件，而且还须侵害了公共利益等法益并且具有处罚的必要性。本文以下主要讨论责任成立意义上的行政违法行为。

　　通常认为，法律为达成一定的行政目的，一般会规定人民应当负担各种行政义务，包括积极作为的义务和消极不作为的容忍义务。如果人民违反了相应的行政义务，那么行政目的就没有办法实现，因此必须对违反了行政义务的相对人予以行政制裁。从本质上来看，行政执法相对人的违法行为是对公共利益的侵害。在早期古罗马的理论中，这种违法行为是一种禁止恶，仅违反因行政管理目的而制定的行政法律规范，通常并不侵害社会伦理。有观点认为，行政执法相对人的违法行为是形式上的违法，只是对于国家颁行的行政法规的不服从和行政义务的违反，而没有破坏国家所保护的法益或者对国家所保护的法益构成实质性的威胁。有学者进一步提出，人类社会生活层面有两个：一为基本的生活秩序，二为派生的生活秩序。基本的生活秩序是近代市民社会赖以维持的日常生活秩序，属于社会生活的必然内涵。派生的生活秩序是国家为达成一定目的所衍生的外围秩序，并不属于社会生活的基本内涵。行政执法相对人的违法行为破坏的就是派生的生活秩序。申言之，行政执法相对人的违法行为是违反了与社会秩序相结合的，以国家行政价值为内涵的利益，但并未牵涉个人利益的损害。一方面，该违法行为多具有侵害对象不具体的特点，大部分违法行为不直接对外界产生影响，大多不会造成直接后果；无直接具体后果的违法行为不会有直接特定的客体。另一方面，行政执法相对人的违法行为产生的是公共利益损害，是以该行为对行政权行使的影响为衡量标准的，大多不要求行为人预见结果，甚至多数行为无须损害结果的出现。

当然，对相对人违法行为本质的认识往往停留在理论上，对实践的指导意义较弱，因而我们也可以从违法行为的轻重程度上来进行量化的分析。在域外法律实践中，德国立法就以"行为的危险程度"作为行为可罚性的判别标准，司法实践中也认可依违法内容情节的轻重作为判别的依据，认为行政违法行为并非完全无视于社会伦理的评价。具体来说，行政违法行为在危险性及非难性等方面的程度较低，仅对法律规范保护之客体具有极为轻微的侵害。

**二、行政执法客体的认定**

**（一）该当性**

该当性也称构成要件符合性，是指构成要件的实现，即所发生的事实与行政法律规范条文规定的内容要相一致。该当性中具体包括了行为主体、行为、行为客体、危害结果、因果关系等几个要素。

**1. 行为主体**

在河（湖）长制执法监管体系中，违法行为的主体是实施危害行为、依法应当负担行政责任的人。根据我国行政法律法规的规定，我国行政违法的主体包括自然人和单位。

自然人主体主要包括以下两种类型：一是行为人自身，即以自身的意思，从事违反行政法义务行为的人。二是对他人行为或对事物的状况应当负责的人，即基于特别的地位或所从事的活动而产生的特别义务，对于与其地位或活动有关的其他人违反行政法义务的行为，或者对于某些事物状况的产生或存在，虽然没有参与，但由于法律的特别规定，应当承担一定的法律责任的人。例如，根据《农田水利条例》第四十二条的规定，农田水利工程运行维护单位如果不按照规定进行维修养护和调度、不执行年度取用水计划，发生责任事故或者造成其他重大损失的，主管人员应当承担相应的责任。

单位主体包括法人和非法人组织。一般认为，单位得以成为行政违法的主体需要具备以下几个方面的要件：①单位依法成立且依照法律规定具有责任能力；②基于单位的利益而实施违法行为；③危害行为的实施必须出自单位自身的意思；④违法行为由单位直接负责的主管人员和其他直接责任人员代为实施。

2. 行为

通常认为，构成要件的危害行为是指构成某种行政违法不可缺少的实行行为。也有观点认为，作为构成客观要件的行为应当仅指危害行为的客观外在表现，即人的身体动静，不应当包含行为的有害性内容。行为是否具有客观危害性，是通过对一系列客观事实要素进行综合考察才能得出的结论，而仅仅从危害行为客观面的考察，是不能得出行为有害性这一结论的。

一般而言，违反行政法上义务的行为主要具有以下几个特征：①由行为人内在的意志所决定。行为是人对于环境的一种具体表现，但是并非所有的行为都能够构成行政违法行为，只有由行为主体自身意思所引导的行为表现，才能够称得上是行政违法行为中的行为，这种自身的意思包括故意和过失两种形态。②基于内在意志的外在表现行为，包括积极的作为和消极的不作为。③符合相关行政法律规范的规定。

3. 行为客体

通常认为，行为客体指的是受到行政违法行为侵害的一定的社会关系或者国家行政管理秩序。由于社会关系不是严格意义上的法律概念，这里我们所说的行政违法行为的客体指的是社会关系在法律上的表现形式——法律关系。法律规范创设法律关系，法律关系是法律规范在指引人们的社会行为、调整社会关系的过程中所形成的人们之间的权利和义务联系，是社会内容和法的形式的统一。法律关系的核心是权利和义务关系。申言之，行政违法行为本质上是对相应的法律关系造成侵害，亦即对行政法上的权利义务关系造成侵害。

从河长制执法监管相关的法律规定来看，行政违法行为侵害的客体内容非常复杂，但大致可以概括为两个方面：一是水资源及其载体本身的权利义务关系或行政管理秩序；二是因水资源及其载体遭受破坏而受到影响的人类健康和财产相关的权利义务关系或行政管理秩序。

4. 危害结果

法律上的危害结果一般可以分为三个层次：第一个层次的危害结果将任何对合法权益的危害或威胁都视为结果。第二个层次的危害结果是实害结果和危险结果之和。实害结果是指对合法权益的现实损害，并通过有形的物质形式表现出来。危险结果是指有发生实害结果的危险，虽然危险是客观存在的，但并未以有形的物质形式表现出来。第三个层次的危害结果是实害结果，即行为通过有形的物质形式表现出来的对合法权益的现实损害。行政法上的危害结果一般指的是第二个层次的危害结果，即行为使行为对象产生的纯粹自然意义上的实际损害或危险的客观事实。

在河长制执法监管中，大部分违法行为要么可归入实害结果的危害结果类型，要么便是处在危险结果的阶段。但是对于前者而言，危害结果有实际发生和可能发生两种情形，并且在行政法上更加侧重可能发生的结果。这是因为，河长制执法监管中的违法行为大都只停留在可能的危害结果阶段，虽然并没有发生，但在没有国家公权力介入的情况下，其必将会向实际的危害结果转化。如在河道管理范围内擅自或者未按照批准建设妨碍行洪的建筑物、构筑物的行为，虽然尚未对河岸堤防安全造成影响或妨碍河道行洪，但如果不加以制止，必然会导致实害结果的发生。对于后者而言，其与可能发生的实害结果不同的是，某些行为只需达到危险的程度便已构成既遂，因而危险本身就是危害结果的现实发生。如《南水北调工程供用水管理条例》第五十一条中规定，运输危险废物、危险化学品的船舶进入南水北调东线工程干线规划通航河道、丹江口水库及其上游通航河道的行为就已经构成了行政违法。

5. 因果关系

因果关系是行为与结果之间的客观联系。虽然立法对行政违法行为的因果关系的判断没有明确的规定，但目前学术界对于因果关系的认识还是形成了两种主要的观点。第一种观点认为，当危害行为中包含着危害结果产生的根据，并合乎规律地产生了危害结果时，危害行为与危害结果之间就是必然因果关系，只有这种必然因果关系才能作为行政违法行为的构成要件。第二种观点认为，既有主要的、作为基本形式的必然因果关系，也有次要的、作为补充形式的因果关系。某些危害行为造成危害结果，这一结果在发展中又与另外的危害行为或事件相竞合，合乎规律地产生另一危害结果，先前的危害行为不是这最后结果的决定性原因，不能决定该结果出现的必然性，最后的结果对于先前的危害行为来说，可能出现也可能不出现，可能这样出现也可能那样出现，它们之间存在的偶然因果联系也能够构成行政违法行为。

**（二）违法性**

违法性要求行政违法行为不仅是符合构成要件的行为，而且实质上是法律所不允许的行为，即必须是违法的行为。违法性的判断标准在于是否有违法阻却事由，可以把它理解为行政违法行为的消极构成要素。违法阻却事由是排除具有该当性的行为的违法性的事由，一般包括正当防卫、紧急避险等。一般来说，如果违反行政法义务的行为是为了救济同等或者更高价值的权益，则该行为不具有违法性。虽然在我国行政立法上没有规定违法阻却事由，但刑事立法中对正当化事由是有明文规定的，包括正当防卫与紧急避险两种。依据举重以明轻的法理，在行政违法行为的认定中，也应当将这两种情形纳入考虑。

1. 正当防卫

在自己的合法权益受到他人正在进行的不法行为侵害时，如果无法及时获得国家行政执法的公权力保护，受侵害人可通过适当的手段，在适当的范围内自行防卫，其防卫行为在一般情形下虽然违反了行政法上的义务，但也不应当认定为行政违法行为。

2. 紧急避险

当自己或他人的生命、身体、名誉或财产遭受危难，无论该危难情形是由于他人的行为或自然事件导致，如果无法及时获得国家行政执法的公权力保护时，当事人可以自行通过适当的手段避免危难的发生或扩大，其所采取的行为即使违反了行政法上的义务，也不应当认定为行政违法行为。

**（三）有责性**

有责性指能够就满足该当性和违法性条件的行为对行为人进行非难和谴责。是否具有有责性应该从行为人的责任能力、责任条件等方面考察。

1. 责任能力

行为人的责任能力指的是行为人在行为时，必须有能力判断其行为的价值，并能够作出行为决定。判断行为人是否具有责任能力，一般从年龄和精神状态两个方面着手。

从年龄方面来说，年满 18 周岁的人具有完全的责任能力；14 周岁及以上未满 18 周岁的人是限制责任能力人，因其辨识自己行为违法与否的能力较低，如果违反了行政法上的义务，应当减轻处罚；未满 14 周岁的人是无责任能力人，因其生理、心理发育都不健全，无法辨识自己的行为，所以如果其违反行政法上的义务，则不予处罚。《行政处罚法》第二十五条规定：不满 14 周岁的人有违法行为的，不予行政处罚，责令监护人加以管教；已满 14 周岁不满 18 周岁的人有违法行为的，从轻或者减轻行政处罚。

从精神状态方面来说，如果行为人因为精神障碍或心智缺陷，虽然没有达到完全不能辨识自己行为违法或欠缺辨识行为的能力，但精神障碍已经使得其辨识行为的能力显著降低，则属于限制行为能力人；如果行为人因为精神障碍或心智缺陷导致其完全无法辨识行为违法或欠缺辨识能力，而违反行政法上的义务，则属于无责任能力人，因欠缺可归责性，不应当受到行政处罚。《行政处罚法》第二十六条规定，精神病人在不能辨认或者不能控制自己行为时有违法行为的，不予行政处罚，但应当责令其监护人严加看管和治疗。间歇性精神病人在精神正常时有违法行为的，应当给予行政处罚。

2. 责任条件

行为人的责任条件指的是行为的主观恶意，即行为人能对其行为有一定的意思决定，如果行为人决定从事违反行政法义务的行为，就需要承担相应的行政责任。一般而言，责任条件包括故意和过失。

所谓故意，指的是行为人对于违反行政法义务的行为的构成要件事实，明知并有意使其发生，或对其发生有所预见而放任发生的心态。所谓过失，指的是行为人对于违反行政法义务的行为的构成要件事实，虽然不是故意使其发生，但应当注意或能够注意而不注意，或虽然对其发生有所预见，但自信能够避免的心态。

从本质上来说，故意和过失都是以表明反规范的人格态度的行为人的心情要素为核心的。因此，两者的共同基础都是指向行为人的人格态度本身的非难形式，最终必须在责任论中决定其是否存在。在对行政违法行为的认定中，首先要把故意、过失理解为构成要件性故意、构成要件性过失，其次要分别考虑属于主观的违法要素的违法故意、违法过失，进而必须更本质地理解为责任故意、责任过失。在承认存在构成要件性故意、构成要件性过失时，也可以推定责任故意、责任过失的存在。因此，在构成要件阶层故意、过失的认定是从经验上判断其可能存在而不是一定存在，只有在对责任能力判断之后，才能确切地判断故意、过失是否存在。

# 第二节　河长制执法监管客体的法律类型

## 一、违反水资源管理的水事违法行为

（1）未经批准或者未按照批准的取水许可规定条件取水的行为。《中华人民共和国水法》第六十九条："有下列行为之一的，由县级以上人民政府水行政主管部门或者流域管理机构依据职权，责令停止违法行为，限期采取补救措施，处二万元以上十万元以下的罚款；情节严重的，吊销其取水许可证：（一）未经批准擅自取水的；（二）未依照批准的取水许可规定条件取水的。"

（2）拒不执行审批机关作出的取水量限制决定，或者未经批准擅自转让取水权的行为。

《取水许可和水资源费征收管理条例》第五十一条："拒不执行审批机关作出的取水量限制决定，或者未经批准擅自转让取水权的，责令停止违法行为，限期改正，处 2 万元以上 10 万元以下罚款；逾期拒不改正或者情节严重的，吊销取水许可证。"

（3）不按照规定报送年度取水情况、拒绝接受监督检查或者弄虚作假、退水水质达不到规定要求的行为。

《取水许可和水资源费征收管理条例》第五十二条："有下列行为之一的，责令停止违法行为，限期改正，处 5000 元以上 2 万元以下罚款；情节严重的，吊销取水许可证：（一）不按照规定报送年度取水情况的；（二）拒绝接受监督检查或者弄虚作假的；（三）退水水质达不到规定要求的。"

（4）未安装计量设施、计量设施不合格或者运行不正常、安装的取水计量设施不能正常使用，或者擅自拆除、更换取水计量设施的行为。

《取水许可和水资源费征收管理条例》第五十三条："未安装计量设施的，责令限期安装，并按照日最大取水能力计算的取水量和水资源费征收标准计征水资源费，处 5000 元以上 2 万元以下罚款；情节严重的，吊销取水许可证。计量设施不合格或者运行不正常的，责令限期更换或者修复；逾期不更换或者不修复的，按照日最大取水能力计算的取水量和水资源费征收标准计征水资源费，可以处 1 万元以下罚款；情节严重的，吊销取水许可证。"

（5）被许可人涂改、倒卖、出租、出借水行政许可证件，或者以其他形式非法转让水行政许可；超越水行政许可范围进行活动；向负责监督检查的行政机关隐瞒有关情况、提供虚假材料或者拒绝提供反映其活动情况的真实材料和法律法规规章规定其他违法行为。

《中华人民共和国行政许可法》第八十条："被许可人有下列行为之一的，行政机关应当依法给予行政处罚；构成犯罪的，依法追究刑事责任：（一）涂改、倒卖、出租、出借行政许可证件，或者以其他形式非法转让行政许可的；（二）超越行政许可范围进行活动的；（三）向负责监督检查的行政机关隐瞒有关情况、提供虚假材料或者拒绝提供反映其活动情况的真实材料的；（四）法律、法规、规章规定的其他违法行为。"

《水行政许可实施办法》第五十七条："被许可人有《行政许可法》第八十条规定的行为之一的，水行政许可实施机关根据情节轻重，应当给予警告或者降低水行政许可资格（质）等级。被许可人从事非经营活动的，可以处一千元以下罚款；被许可人从事经营活动，有违法所得的，可以处违法所得三倍以下罚款，但是最高不得超过三万元，没有违法所得的，可以处一万元以下罚款，法律、法规另有规定的除外；构成犯罪的，依法追究刑事责任。"

（6）取水单位或者个人擅自停止使用节水设施、擅自停止使用取水计量设施、不按规定提供取水、退水计量数据的行为。

《取水许可管理办法》第四十九条："取水单位或者个人违反本办法规定，有下列行为之一的，由取水审批机关责令其限期改正，并可处 1000 元以下罚款；（一）擅自停止使用节水设施的；（二）擅自停止使用取退水计量设施的；（三）不按规定提供取水、退水计量资料的。"

（7）侵占、破坏水源或者抗旱设施的行为。

《中华人民共和国抗旱条例》第六十一条："违反本条例规定，侵占、破坏水源和抗旱设施的，由县级以上人民政府水行政主管部门或者流域管理机构责令停止违法行为，采取补救措施，处1万元以上5万元以下的罚款；造成损坏的，依法承担民事责任；构成违反治安管理行为的，依照《中华人民共和国治安管理处罚法》的规定处罚；构成犯罪的，依法追究刑事责任。"

（8）未经许可擅自从事依法应当取得水行政许可的活动。

《水行政许可实施办法》第五十八条："公民、法人或者其他组织未经水行政许可，擅自从事依法应当取得水行政许可的活动的，水行政许可实施机关应当责令停止违法行为，并给予警告。当事人从事非经营活动的，可以处1千元以下罚款；当事人从事经营活动，有违法所得的，可以处违法所得3倍以下罚款，但是最高不得超过3万元，没有违法所得的，可以处1万元以下罚款，法律、法规另有规定的除外；构成犯罪的，依法追究刑事责任。"

## 二、违反河湖管理的水事违法行为

（1）在河道管理范围内擅自或者未按照批准建设妨碍行洪的建筑物、构筑物，从事影响河势稳定、危害河岸堤防安全和其他妨碍河道行洪的活动。

《中华人民共和国水法》第六十五条："在河道管理范围内建设妨碍行洪的建筑物、构筑物，或者从事影响河势稳定、危害河岸堤防安全和其他妨碍河道行洪的活动的，由县级以上人民政府水行政主管部门或者流域管理机构依据职权，责令停止违法行为，限期拆除违法建筑物、构筑物，恢复原状；逾期不拆除、不恢复原状的，强行拆除，所需费用由违法单位或者个人负担，并处一万元以上十万元以下的罚款。未经水行政主管部门或者流域管理机构同意，擅自修建水工程，或者建设桥梁、码头和其他拦河、跨河、临河建筑物、构筑物，铺设跨河管道、电缆，且防洪法未作规定的，由县级以上人民政府水行政主管部门或者流域管理机构依据职权，责令停止违法行为，限期补办有关手续；逾期不补办或者补办未被批准的，责令限期拆除违法建筑物、构筑物；逾期不拆除的，强行拆除，所需费用由违法单位或者个人负担，并处一万元以上十万元以下的罚款。虽经水行政主管部门或者流域管理机构同意，但未按照要求修建前款所列工程设施的，由县级以上人民政府水行政主管部门或者流域管理机构依据职权，责令限期改正，按照情节轻重，处一万元以上十万元以下的罚款。"

《中华人民共和国防洪法》第五十六条："违反本法第二十二条第二款、第三款规定，有下列行为之一的，责令停止违法行为，排除阻碍或者采取其他补救措施，可以处五万元以下的罚款：（一）在河道、湖泊管理范围内建设妨碍行洪的建筑物、构筑物的……"

《中华人民共和国防洪法》第五十八条："违反本法第二十七条规定，未经水行政主管部门对其工程建设方案审查同意或者未按照有关水行政主管部门审查批准的位置、界限，在河道、湖泊管理范围内从事工程设施建设活动的，责令停止违法行为，补办审查同意或者审查批准手续；工程设施建设严重影响防洪的，责令限期拆除，逾期不拆除的，强行拆除，所需费用由建设单位承担；影响行洪但尚可采取补救措施的，责令限期采取补救措施，可以处一万元以上十万元以下的罚款。"

（2）在江河、湖泊、水库、运河、管道内弃置、堆放阻碍行洪的物体和种植阻碍行洪的林木及高秆作物的行为。

《中华人民共和国水法》第六十六条："有下列行为之一，且防洪法未作规定的，由县级以上人民政府水行政主管部门或者流域管理机构依据职权，责令停止违法行为，限期清除障碍或者采取其他补救措施，处一万元以上五万元以下的罚款：（一）在江河、湖泊、水库、运河、渠道内弃置、堆放阻碍行洪的物体和种植阻碍行洪的林木及高秆作物的；……"

《中华人民共和国防洪法》第五十五条："违反本法第二十二条第二款、第三款规定，有下列行为之一的，责令停止违法行为，排除阻碍或者采取其他补救措施，可以处五万元以下的罚款……（二）在河道、湖泊管理范围内倾倒垃圾、渣土，从事影响河势稳定、危害河岸堤防安全和其他妨碍河道行洪的活动的；（三）在行洪河道内种植阻碍行洪的林木和高秆作物的。"

（3）不符合入海河口整治规划的围海造地、围湖造地或者未经批准围垦河道的行为。

《中华人民共和国水法》第六十六条："有下列行为之一，且防洪法未作规定的，由县级以上人民政府水行政主管部门或者流域管理机构依据职权，责令停止违法行为，限期清除障碍或者采取其他补救措施，处一万元以上五万元以下的罚款……（二）围湖造地或者未经批准围垦河道的。"

《中华人民共和国防洪法》第十五条："国务院水行政主管部门应当会同有关部门和省、自治区、直辖市人民政府制定长江、黄河、珠江、辽河、淮河、海河入海河口的整治规划。在前款入海河口围海造地，应当符合河口整治规划。"

《中华人民共和国防洪法》第二十三条："禁止围湖造地。已经围垦的，应当按照国家规定的防洪标准进行治理，有计划地退地还湖。禁止围垦河道。确需围垦的，应当进行科学论证，经水行政主管部门确认不妨碍行洪、输水后，报省级以上人民政府批准。"

《中华人民共和国防洪法》第五十六条："违反本法第十五条第二款、第二十三条规定，围海造地、围湖造地、围垦河道的，责令停止违法行为，恢复原状或者采取其他补救措施，可以处五万元以下的罚款；既不恢复原状也不采取其他补救措施的，代为恢复原状或者采取其他补救措施，所需费用由违法者承担。"

《中华人民共和国河道管理条例》第四十四条："违反本条例规定，有下列行为之一的，县级以上地方人民政府河道主管机关除责令其纠正违法行为、采取补救措施外，可以并处警告、罚款、没收非法所得；对有关责任人员，由其所在单位或者上级主管机关给予行政处分；构成犯罪的，依法追究刑事责任：……（六）违反本条例第二十七条的规定，围垦湖泊、河流的……"

（4）未经水行政主管部门或者流域管理机构审查同意，擅自在江河、湖泊新建、改建或者扩大排污口的行为。

《中华人民共和国水法》第六十七条第2款："未经水行政主管部门或者流域管理机构审查同意，擅自在江河、湖泊新建、改建或者扩大排污口的，由县级以上人民政府水行政主管部门或者流域管理机构依据职权，责令停止违法行为，限期恢复原状，处五万元以上十万元以下的罚款。"

《中华人民共和国水污染防治法》第八十四条："在饮用水水源保护区内设置排污口的，由县级以上地方人民政府责令限期拆除，处十万元以上五十万元以下的罚款；逾期不拆除的，强制拆除，所需费用由违法者承担，处五十万元以上一百万元以下的罚款，并可以责令停产整顿。除前款规定外，违反法律、行政法规和国务院环境保护主管部门的规定设置排污口或者私设暗管的，由县级以上地方人民政府环境保护主管部门责令限期拆除，处二万元以上十万元以下的罚款；逾期不拆除的，强制拆除，所需费用由违法者承担，处十万元以上五十万元以下的罚款；私设暗管或者有其他严重情节的，县级以上地方人民政府环境保护主管部门可以提请县级以上地方人民政府责令停产整顿。未经水行政主管部门或者流域管理机构同意，在江河、湖泊新建、改建、扩建排污口的，由县级以上人民政府水行政主管部门或者流域管理机构依据职权，依照前款规定采取措施、给予处罚。"

（5）在河道管理范围内修建围堤、阻水管道、阻水道路；在堤防、护堤地和在堤坝、管道上建房、放牧、开渠、取土、打井、挖窖、挖坑、葬坟、垦种、晒粮、存放物料、开采地下资源、进行考古发掘、毁坏块石护坡、林木草皮以及开展集市贸易活动；未经批准或者未按照规定采砂、取土、淘金、弃置砂石或者淤泥、爆破、钻探、挖筑鱼塘；擅自砍伐护堤护岸林木；汛期违反防汛指挥部的规定或者指令的行为。

《中华人民共和国河道管理条例》第四十四条："违反本条例规定，有下列行为之一的，县级以上地方人民政府河道主管机关除责令其纠正违法行为、采取补救措施外，可以并处警告、罚款、没收非法所得；对有关责任人员，由其所在单位或者上级主管机关给予行政处分；构成犯罪的，依法追究刑事责任：（一）在河道管理范围内弃置、堆放阻碍行洪物体的；种植阻碍行洪的林木或者高秆植物的；修建围堤、阻水渠道、阻水道路的；（二）在堤防、护堤地建房、放牧、开渠、打井、挖窖、葬坟、晒粮、存放物料、开采地下资源、进行考古发掘以及开展集市贸易活动的；（三）未经批准或者不按照国家规定的防洪标准、工程安全标准整治河道或者修建水工程建筑物和其他设施的；（四）未经批准或者不按照河道主管机关的规定在河道管理范围内采砂、取土、淘金、弃置砂石或者淤泥、爆破、钻探、挖筑鱼塘的；（五）未经批准在河道滩地存放物料、修建厂房或者其他建筑设施，以及开采地下资源或者进行考古发掘的；（六）违反本条例第二十七条的规定，围垦湖泊、河流的；（七）擅自砍伐护堤护岸林木的；（八）汛期违反防汛指挥部的规定或者指令的。"

（6）在堤防安全保护区内进行打井、钻探、爆破、挖筑鱼塘、采石、取土等危害堤防安全的活动；非管理人员操作河道上的涵闸闸门或者干扰河道管理单位正常工作的行为。

《中华人民共和国河道管理条例》第四十五条："违反本条例规定，有下列行为之一的，县级以上地方人民政府河道主管机关除责令纠正违法行为、赔偿损失、采取补救措施外，可以并处警告、罚款；应当给予治安管理处罚的，按照《中华人民共和国治安管理处罚法》的规定处罚；构成犯罪的，依法追究刑事责任……（二）在堤防安全保护区内进行打井、钻探、爆破、挖筑鱼塘、采石、取土等危害堤防安全的活动的；（三）非管理人员操作河道上的涵闸闸门或者干扰河道管理单位正常工作的。"

（7）未经批准或者在禁采区、禁采期从事长江河道采砂的行为。

《长江河道采砂管理条例》第十八条："违反本条例规定，未办理河道采砂许可证，擅自在长江采砂的，由县级以上地方人民政府水行政主管部门或者长江水利委员会依据职权，责令停止违法行为，没收违法所得和非法采砂机具，并处 10 万元以上 30 万元以下的罚款；情节严重的，扣押或者没收非法采砂船舶，并对没收的非法采砂船舶予以拍卖，拍卖款项全部上缴财政。拒绝、阻碍水行政主管部门或者长江水利委员会依法执行职务，构成违反治安管理行为的，由公安机关依法给予治安管理处罚；触犯刑律的，依法追究刑事责任。违反本条例规定，虽持有河道采砂许可证，但在禁采区、禁采期采砂的，由县级以上地方人民政府水行政主管部门或者长江水利委员会依据职权，依照前款规定处罚，并吊销河道采砂许可证。"

（8）采砂船舶在禁采期内未在指定地点停放或者无正当理由擅自离开指定地点的行为。

《长江河道采砂管理条例》第二十条："违反本条例规定，采砂船舶在禁采期内未在指定地点停放或者无正当理由擅自离开指定地点的，由县级以上地方人民政府水行政主管部门处 1 万元以上 3 万元以下的罚款。"

（9）擅自占用太湖、太浦河、新孟河、望虞河岸线内水域、滩地或者临时占用期满不及时恢复原状，在太湖岸线内圈圩，加高、加宽已经建成圈圩的圩堤，或者垫高已经围湖所造土地地面，在太湖从事不符合水功能区保护要求的开发利用活动。

《太湖流域管理条例》第六十七条："违反本条例规定，有下列行为之一的，由太湖流域管理机构或者县级以上地方人民政府水行政主管部门按照职责权限责令改正，对单位处 5 万元以上 10 万元以下罚款，对个人处 1 万元以上 3 万元以下罚款；拒不改正的，由太湖流域管理机构或者县级以上地方人民政府水行政主管部门按照职责权限依法强制执行，所需费用由违法行为人承担：（一）擅自占用太湖、太浦河、新孟河、望虞河岸线内水域、滩地或者临时占用期满不及时恢复原状的；（二）在太湖岸线内圈圩，加高、加宽已经建成圈圩的圩堤，或者垫高已经围湖所造土地地面的；（三）在太湖从事不符合水功能区保护要求的开发利用活动的。违反本条例规定，在太湖岸线内围湖造地的，依照《中华人民共和国水法》第六十六条的规定处罚。"

（10）运输危险废物、危险化学品的船舶进入南水北调东线工程干线规划通航河道、丹江口水库及其上游通航河道的行为。

《南水北调工程供用水管理条例》第五十一条："违反本条例规定，运输危险废物、危险化学品的船舶进入南水北调东线工程干线规划通航河道、丹江口水库及其上游通航河道的，由县级以上地方人民政府负责海事、渔业工作的行政主管部门按照职责权限予以扣押，对危险废物、危险化学品采取卸载等措施，所需费用由违法行为人承担；构成犯罪的，依法追究刑事责任。"

**三、违反水工程管理的水事违法行为**

（1）在水工程保护范围内，从事影响水工程运行和危害水工程安全的爆破、打井、采石、取土等活动。

《中华人民共和国水法》第七十二条规定："有下列行为之一，构成犯罪的，依照刑法的有关规定追究刑事责任；尚不够刑事处罚，且防洪法未作规定的，由县级以上地方人民政府水行政主管部门或者流域管理机构依据职权，责令停止违法行为，采取补救措施，处一万元以上五万元以下的罚款；违反治安管理处罚条例的，由公安机关依法给予治安管理处罚；给他人造成损失的，依法承担赔偿责任……（二）在水工程保护范围内，从事影响水工程运行和危害水工程安全的爆破、打井、采石、取土等活动的。"

（2）破坏、侵占、损毁堤防、水闸、护岸、抽水站、排水渠系等防洪工程和水文、通信设施以及防汛备用的器材、物料的行为。

《中华人民共和国防洪法》第六十条规定："违反本法规定，破坏、侵占、毁损堤防、水闸、护岸、抽水站、排水渠系等防洪工程和水文、通信设施以及防汛备用的器材、物料的，责令停止违法行为，采取补救措施，可以处五万元以下的罚款；造成损坏的，依法承担民事责任；应当给予治安管理处罚的，依照治安管理处罚法的规定处罚；构成犯罪的，依法追究刑事责任。"

（3）毁坏大坝或者其观测、通信、动力、照明、交通、消防等管理设施；在大坝管理和保护范围内进行爆破、打井、采石、采矿、取土、挖沙、修坟等危害大坝安全活动；擅自操作大坝的泄洪闸门、输水闸门及其他设施，破坏大坝正常运行；在库区内围垦；在坝体修建码头、管道或者堆放杂物、晾晒粮草；擅自在大坝管理和保护范围内修建码头、鱼塘的行为。

《水库大坝安全管理条例》第二十九条规定："违反本条例规定，有下列行为之一的，由大坝主管部门责令其停止违法行为，赔偿损失，采取补救措施，可以并处罚款；应当给予治安管理处罚的，由公安机关依照《中华人民共和国治安管理处罚法》的规定处罚；构成犯罪的，依法追究刑事责任：（一）毁坏大坝或者其观测、通信、动力、照明、交通、消防等管理设施的；（二）在大坝管理和保护范围内进行爆破、打井、采石、采矿、取土、挖沙、修坟等危害大坝安全活动的；（三）擅自操作大坝的泄洪闸门、输水闸门及其他设施，破坏大坝正常运行的；（四）在库区内围垦的；（五）在坝体修建码头、渠道或者堆放杂物、晾晒粮草的；（六）擅自在大坝管理和保护范围内修建码头、鱼塘的。"

（4）在抗旱响应期间水库、水电站、拦河闸坝等工程的管理单位以及其他经营工程设施的经营者拒不服从统一调度和指挥的行为。

《中华人民共和国抗旱条例》第六十条规定："违反本条例规定，水库、水电站、拦河闸坝等工程的管理单位以及其他经营工程设施的经营者拒不服从统一调度和指挥的，由县级以上人民政府水行政主管部门或者流域管理机构责令改正，给予警告；拒不改正的，强制执行，处1万元以上5万元以下的罚款。"

（5）农田水利工程运行维护单位不按照规定进行维修养护和调度、不执行年度取用水计划的。

《农田水利条例》第四十二条规定："违反本条例规定，县级以上人民政府确定的农田水利工程运行维护单位不按照规定进行维修养护和调度、不执行年度取用水计划的，由县级以上地方人民政府水行政主管部门责令改正；发生责任事故或者造成其他重大损失的，对直接负责的主管人员和其他直接责任人员依法给予处分；直接负责的主管人员和其他直接责任人员构成犯罪的，依法追究刑事责任。"

（6）堆放阻碍农田水利工程设施蓄水、输水、排水的物体，建设妨碍农田水利工程设施蓄水、输水、排水的建筑物和构筑物，或者擅自占用农业灌溉水源、农田水利工程设施的行为。

《农田水利条例》第四十三条规定："违反本条例规定，有下列行为之一的，由县级以上地方人民政府水行政主管部门责令停止违法行为，限期恢复原状或者采取补救措施；逾期不恢复原状或者采取补救措施的，依法强制执行；造成损失的，依法承担民事责任；构成违反治安管理行为的，依法给予治安管理处罚；构成犯罪的，依法追究刑事责任：（一）堆放阻碍农田水利工程设施蓄水、输水、排水的物体；（二）建设妨碍农田水利工程设施蓄水、输水、排水的建筑物和构筑物；（三）擅自占用农业灌溉水源、农田水利工程设施。"

（7）盗窃、毁损或者破坏堤防、护岸、闸坝等水工程建筑物和防汛工程设施以及水文监测、测量设施、气象测报设施、河岸地质监测设施、通信照明设施的行为。

《中华人民共和国防汛条例》第四十三条规定："有下列行为之一者，视情节和危害后果，由其所在单位或者上级主管机关给予行政处分；应当给予治安管理处罚的，依照《中华人民共和国治安管理处罚法》的规定处罚；构成犯罪的，依法追究刑事责任……（六）盗窃、毁损或者破坏堤防、护岸、闸坝等水工程建筑物和防汛工程设施以及水文监测、测量设施、气象测报设施、河岸地质监测设施、通信照明设施的；……"

**四、违反水土保持管理的水事违法行为**

（1）水土保持方案未经审批擅自开工建设或者进行施工准备的行为。

《开发建设项目水土保持方案编报审批管理规定》第十三条规定："水土保持方案未经审批擅自开工建设或者进行施工准备的，由县级以上人民政府水行政主管部门责令停止违法行为，采取补救措施。当事人从事非经营活动的，可以处一千元以下罚款；当事人从事经营活动，有违法所得的，可以处违法所得三倍以下罚款，但是最高不得超过三万元，没有违法所得的，可以处一万元以下罚款，法律、法规另有规定的除外。"

（2）在禁止开垦坡度以上陡坡地开垦种植农作物，或者在禁止开垦、开发的植物保护带内开垦、开发的行为。

《中华人民共和国水土保持法》第四十九条规定："违反本法规定，在禁止开垦坡度以上陡坡地开垦种植农作物，或者在禁止开垦、开发的植物保护带内开垦、开发的，由县级以上地方人民政府水行政主管部门责令停止违法行为，采取退耕、恢复植被等补救措施；按照开垦或者开发面积，可以对个人处每平方米二元以下的罚款、对单位处每平方米十元以下的罚款。"

（3）采集发菜，或者在水土流失重点预防区和重点治理区铲草皮，挖树蔸，滥挖虫草、甘草、麻黄等的行为。

《中华人民共和国水土保持法》第五十一条规定："违反本法规定，采集发菜，或者在水土流失重点预防区和重点治理区铲草皮，挖树蔸，滥挖虫草、甘草、麻黄等的，由县级以上地方人民政府水行政主管部门责令停止违法行为，采取补救措施，没收违法所得，并处违法所得一倍以上五倍以下的罚款；没有违法所得的，可以处五万元以下的罚款。"

（4）依法应当编制水土保持方案的生产建设项目，未编制水土保持方案或者编制的水土保持方案未经批准而开工建设；生产建设项目的地点、规模发生重大变化，未补充、修改水土保持方案或者补充、修改的水土保持方案未经原审批机关批准；水土保持方案实施过程中，未经原审批机关批准，对水土保持措施作出重大变更的行为。

《中华人民共和国水土保持法》第五十三条规定："违反本法规定，有下列行为之一的，由县级以上人民政府水行政主管部门责令停止违法行为，限期补办手续；逾期不补办手续的，处五万元以上五十万元以下的罚款；对生产建设单位直接负责的主管人员和其他直接责任人员依法给予处分：（一）依法应当编制水土保持方案的生产建设项目，未编制水土保持方案或者编制的水土保持方案未经批准而开工建设的；（二）生产建设项目的地点、规模发生重大变化，未补充、修改水土保持方案或者补充、修改的水土保持方案未经原审批机关批准的；（三）水土保持方案实施过程中，未经原审批机关批准，对水土保持措施作出重大变更的。"

（5）水土保持设施未经验收或者验收不合格将生产建设项目投产使用的行为。

《中华人民共和国水土保持法》第五十四条规定："违反本法规定，水土保持设施未经验收或者验收不合格将生产建设项目投产使用的，由县级以上人民政府水行政主管部门责令停止生产或者使用，直至验收合格，并处五万元以上五十万元以下的罚款。"

（6）在水土保持方案确定的专门存放地以外的区域倾倒砂、石、土、矸石、尾矿、废渣等的行为。

《中华人民共和国水土保持法》第五十五条规定："违反本法规定，在水土保持方案确定的专门存放地以外的区域倾倒砂、石、土、矸石、尾矿、废渣等的，由县级以上地方人民政府水行政主管部门责令停止违法行为，限期清理，按照倾倒数量处每立方米十元以上二十元以下的罚款；逾期仍不清理的，县级以上地方人民政府水行政主管部门可以指定有清理能力的单位代为清理，所需费用由违法行为人承担。"

**五、违反水文管理的水事违法行为**

（1）违法从事水文活动的行为。

《中华人民共和国水文条例》第二十四条规定："县级以上人民政府水行政主管部门应当根据经济社会的发展要求，会同有关部门组织相关单位开展水资源调查评价工作。从事水文、水资源调查评价的单位，应当具备下列条件，并取得国务院水行政主管部门或者省、自治区、直辖市人民政府水行政主管部门颁发的资质证书：（一）具有法人资格和固定的工作场所；（二）具有与所从事水文活动相适应并经考试合格的专业技术人员；（三）具有与所从事水文活动相适应的专业技术装备；（四）具有健全的管理制度；（五）符合国务院水行政主管部门规定的其他条件。"

《中华人民共和国水文条例》第三十八条规定："不符合本条例第二十四条规定的条件从事水文活动的，责令停止违法行为，没收违法所得，并处 5 万元以上 10 万元以下罚款。"

（2）拒不汇交水文监测资料；使用未经审定的水文监测数据；非法向社会传播水文情报预报，造成严重经济损失和不良影响的行为。

《中华人民共和国水文条例》第四十条规定："违反本条例规定，有下列行为之一的，责令停止违法行为，处 1 万元以上 5 万元以下罚款：（一）拒不汇交水文监测资料的；（二）使用未经审定的水文监测资料的；（三）非法向社会传播水文情报预报，造成严重经济损失和不良影响的。"

（3）侵占、毁坏水文监测设施或者未经批准擅自移动、擅自使用水文监测设施的行为。

《中华人民共和国水文条例》第四十一条规定："违反本条例规定，侵占、毁坏水文监测设施或者未经批准擅自移动、擅自使用水文监测设施的，责令停止违法行为，限期恢复原状或者采取其他补救措施，可以处5万元以下罚款；构成违反治安管理行为的，依法给予治安管理处罚；构成犯罪的，依法追究刑事责任。"

（4）在水文监测环境保护范围内从事种植高秆作物、堆放物料、修建建筑物、停靠船只；取土、挖砂、采石、淘金、爆破和倾倒废弃物；在监测断面取水、排污或者在过河设备、气象观测场、监测断面的上空架设线路以及对监测有影响的其他活动。

《中华人民共和国水文条例》第三十二条规定："禁止在水文监测环境保护范围内从事下列活动：（一）种植高秆作物、堆放物料、修建建筑物、停靠船只；（二）取土、挖砂、采石、淘金、爆破和倾倒废弃物；（三）在监测断面取水、排污或者在过河设备、气象观测场、监测断面的上空架设线路；（四）其他对水文监测有影响的活动。"

### 六、违反水利建设管理的水事违法行为

（1）未取得取水申请批准文件擅自建设取水工程或者设施的行为。

《取水许可和水资源费征收管理条例》第四十九条规定："未取得取水申请批准文件擅自建设取水工程或者设施的，责令停止违法行为，限期补办有关手续；逾期不补办或者补办未被批准的，责令限期拆除或者封闭其取水工程或者设施；逾期不拆除或者不封闭其取水工程或者设施的，由县级以上地方人民政府水行政主管部门或者流域管理机构组织拆除或者封闭，所需费用由违法行为人承担，可以处5万元以下罚款。"

（2）在太湖、太浦河、新孟河、望虞河岸线内兴建不符合岸线利用管理规划的建设项目，或者不依法兴建等效替代工程、采取其他功能补救措施的行为。

《太湖流域管理条例》第六十六条规定："违反本条例规定，在太湖、太浦河、新孟河、望虞河岸线内兴建不符合岸线利用管理规划的建设项目，或者不依法兴建等效替代工程、采取其他功能补救措施的，由太湖流域管理机构或者县级以上地方人民政府水行政主管部门按照职责权限责令改正，处10万元以上30万元以下罚款；拒不改正的，由太湖流域管理机构或者县级以上地方人民政府水行政主管部门按照职责权限依法强制执行，所需费用由违法行为人承担。"

（3）建设穿越、跨越、邻接南水北调工程输水河道的桥梁、公路、石油天然气管道、雨污水管道等工程设施，未采取有效措施，危害南水北调工程安全和供水安全的行为。

《南水北调工程供用水管理条例》第五十二条规定："违反本条例规定，建设穿越、跨越、邻接南水北调工程输水河道的桥梁、公路、石油天然气管道、雨污水管道等工程设施，未采取有效措施，危害南水北调工程安全和供水安全的，由建设项目审批、核准单位责令采取补救措施；在补救措施落实前，暂停工程设施建设。"

（4）未经水行政主管部门签署规划同意书，或者违反规划同意书的要求在江河、湖泊上建设防洪工程和其他水工程、水电站的行为。

《中华人民共和国防洪法》第五十三条规定："违反本法第十七条规定，未经水行政主管部门签署规划同意书，擅自在江河、湖泊上建设防洪工程和其他水工程、水电站的，责

令停止违法行为，补办规划同意书手续；违反规划同意书的要求，严重影响防洪的，责令限期拆除；违反规划同意书的要求，影响防洪但尚可采取补救措施的，责令限期采取补救措施，可以处一万元以上十万元以下的罚款。"

（5）未按照规划治导线整治河道和修建控制引导河水流向、保护堤岸等工程，影响防洪的行为。

《中华人民共和国防洪法》第五十五条规定："违反本法第十九条规定，未按照规划治导线整治河道和修建控制引导河水流向、保护堤岸等工程，影响防洪的，责令停止违法行为，恢复原状或者采取其他补救措施，可以处一万元以上十万元以下的罚款。"

（6）防洪工程设施未经验收，即将建设项目投入生产或者使用的行为。

《中华人民共和国防洪法》第五十九条规定："……违反本法第三十三条第二款规定，防洪工程设施未经验收，即将建设项目投入生产或者使用的，责令停止生产或者使用，限期验收防洪工程设施，可以处五万元以下的罚款。"

**七、违反水污染防治管理的水事违法行为**

（1）未按照规定对所排放的水污染物自行监测，或者未保存原始监测记录，未按照规定安装水污染物排放自动监测设备，未按照规定与环境保护主管部门的监控设备联网，未保证监测设备正常运行，未按照规定对有毒有害水污染物的排污口和周边环境进行监测，或者未公开有毒有害水污染物信息的行为。

《中华人民共和国水污染防治法》第八十二条规定："违反本法规定，有下列行为之一的，由县级以上人民政府环境保护主管部门责令限期改正，处二万元以上二十万元以下的罚款；逾期不改正的，责令停产整治：（一）未按照规定对所排放的水污染物自行监测，或者未保存原始监测记录的；（二）未按照规定安装水污染物排放自动监测设备，未按照规定与环境保护主管部门的监控设备联网，或者未保证监测设备正常运行的；（三）未按照规定对有毒有害水污染物的排污口和周边环境进行监测，或者未公开有毒有害水污染物信息的。"

（2）未依法取得排污许可证排放水污染物，超过水污染物排放标准或者超过重点水污染物排放总量控制指标排放水污染物，利用渗井、渗坑、裂隙、溶洞，私设暗管，篡改、伪造监测数据，不正常运行水污染防治设施等逃避监管的方式排放水污染物，未按照规定进行预处理，向污水集中处理设施排放不符合处理工艺要求的工业废水的行为。

《中华人民共和国水污染防治法》第八十三条规定："违反本法规定，有下列行为之一的，由县级以上人民政府环境保护主管部门责令改正或者责令限制生产、停产整治，并处十万元以上一百万元以下的罚款；情节严重的，报经有批准权的人民政府批准，责令停业、关闭：（一）未依法取得排污许可证排放水污染物的；（二）超过水污染物排放标准或者超过重点水污染物排放总量控制指标排放水污染物的；（三）利用渗井、渗坑、裂隙、溶洞，私设暗管，篡改、伪造监测数据，或者不正常运行水污染防治设施等逃避监管的方式排放水污染物的；（四）未按照规定进行预处理，向污水集中处理设施排放不符合处理工艺要求的工业废水的。"

（3）向水体排放油类、酸液、碱液，向水体排放剧毒废液，或者将含有汞、镉、砷、铬、铅、氰化物、黄磷等的可溶性剧毒废渣向水体排放、倾倒或者直接埋入地下，在水体清洗装储过油类、有毒污染物的车辆或者容器，向水体排放、倾倒工业废渣、城镇垃圾或者其他废弃物，或者在江河、湖泊、运河、渠道、水库最高水位线以下的滩地、岸坡堆放、存储固体废弃物或者其他污染物，向水体排放、倾倒放射性固体废物或者含有高放射性、中放射性物质的废水，违反国家有关规定或者标准，向水体排放含低放射性物质的废水、热废水或者含病原体的污水，未采取防渗漏等措施，或者未建设地下水水质监测井进行监测，加油站等的地下油罐未使用双层罐或者采取建造防渗池等其他有效措施，或者未进行防渗漏监测，未按照规定采取防护性措施，或者利用无防渗漏措施的沟渠、坑塘等输送或者存贮含有毒污染物的废水、含病原体的污水或者其他废弃物的行为。

《中华人民共和国水污染防治法》第八十五条规定："有下列行为之一的，由县级以上地方人民政府环境保护主管部门责令停止违法行为，限期采取治理措施，消除污染，处以罚款；逾期不采取治理措施的，环境保护主管部门可以指定有治理能力的单位代为治理，所需费用由违法者承担：（一）向水体排放油类、酸液、碱液的；（二）向水体排放剧毒废液，或者将含有汞、镉、砷、铬、铅、氰化物、黄磷等的可溶性剧毒废渣向水体排放、倾倒或者直接埋入地下的；（三）在水体清洗装贮过油类、有毒污染物的车辆或者容器的；（四）向水体排放、倾倒工业废渣、城镇垃圾或者其他废弃物，或者在江河、湖泊、运河、渠道、水库最高水位线以下的滩地、岸坡堆放、存贮固体废弃物或者其他污染物的；（五）向水体排放、倾倒放射性固体废物或者含有高放射性、中放射性物质的废水的；（六）违反国家有关规定或者标准，向水体排放含低放射性物质的废水、热废水或者含病原体的污水的；（七）未采取防渗漏等措施，或者未建设地下水水质监测井进行监测的；（八）加油站等的地下油罐未使用双层罐或者采取建造防渗池等其他有效措施，或者未进行防渗漏监测的；（九）未按照规定采取防护性措施，或者利用无防渗漏措施的沟渠、坑塘等输送或者存贮含有毒污染物的废水、含病原体的污水或者其他废弃物的。有前款第三项、第四项、第六项、第七项、第八项行为之一的，处二万元以上二十万元以下的罚款。有前款第一项、第二项、第五项、第九项行为之一的，处十万元以上一百万元以下的罚款；情节严重的，报经有批准权的人民政府批准，责令停业、关闭。"

（4）建设不符合国家产业政策的小型造纸、制革、印染、染料、炼焦、炼硫、炼砷、炼汞、炼油、电镀、农药、石棉、水泥、玻璃、钢铁、火电以及其他严重污染水环境的生产项目的行为。

《中华人民共和国水污染防治法》第八十七条规定："违反本法规定，建设不符合国家产业政策的小型造纸、制革、印染、染料、炼焦、炼硫、炼砷、炼汞、炼油、电镀、农药、石棉、水泥、玻璃、钢铁、火电以及其他严重污染水环境的生产项目的，由所在地的市、县人民政府责令关闭。"

（5）向水体倾倒船舶垃圾或者排放船舶的残油、废油，未经作业地海事管理机构批准，船舶进行散装液体污染危害性货物的过驳作业，船舶及有关作业单位从事有污染风险的作业活动，未按照规定采取污染防治措施，以冲滩方式进行船舶拆解，进入中华人民共和国内河的国际航线船舶，排放不符合规定的船舶压载水的行为。

《中华人民共和国水污染防治法》第九十条规定："违反本法规定，有下列行为之一的，由海事管理机构、渔业主管部门按照职责分工责令停止违法行为，处一万元以上十万元以下的罚款；造成水污染的，责令限期采取治理措施，消除污染，处二万元以上二十万元以下的罚款；逾期不采取治理措施的，海事管理机构、渔业主管部门按照职责分工可以指定有治理能力的单位代为治理，所需费用由船舶承担：（一）向水体倾倒船舶垃圾或者排放船舶的残油、废油的；（二）未经作业地海事管理机构批准，船舶进行散装液体污染危害性货物的过驳作业的；（三）船舶及有关作业单位从事有污染风险的作业活动，未按照规定采取污染防治措施的；（四）以冲滩方式进行船舶拆解的；（五）进入中华人民共和国内河的国际航线船舶，排放不符合规定的船舶压载水的。"

（6）在饮用水水源一级保护区内新建、改建、扩建与供水设施和保护水源无关的建设项目，在饮用水水源二级保护区内新建、改建、扩建排放污染物的建设项目，在饮用水水源准保护区内新建、扩建对水体污染严重的建设项目，或者改建建设项目增加排污量的行为。

《中华人民共和国水污染防治法》第九十一条第一款规定："有下列行为之一的，由县级以上地方人民政府环境保护主管部门责令停止违法行为，处十万元以上五十万元以下的罚款；并报经有批准权的人民政府批准，责令拆除或者关闭：（一）在饮用水水源一级保护区内新建、改建、扩建与供水设施和保护水源无关的建设项目的；（二）在饮用水水源二级保护区内新建、改建、扩建排放污染物的建设项目的；（三）在饮用水水源准保护区内新建、扩建对水体污染严重的建设项目，或者改建建设项目增加排污量的。"

（7）在饮用水水源一级保护区内从事网箱养殖或者组织进行旅游、垂钓或者其他可能污染饮用水水体的活动的行为。

《中华人民共和国水污染防治法》第九十一条第二款规定："在饮用水水源一级保护区内从事网箱养殖或者组织进行旅游、垂钓或者其他可能污染饮用水水体的活动的，由县级以上地方人民政府环境保护主管部门责令停止违法行为，处二万元以上十万元以下的罚款。个人在饮用水水源一级保护区内游泳、垂钓或者从事其他可能污染饮用水水体的活动的，由县级以上地方人民政府环境保护主管部门责令停止违法行为，可以处五百元以下的罚款。"

**【教学案例 4-1 解析】**

福建省莆田市涵江区人民检察院依职权向涵江区人民法院发出检察建议书。理由是：〔2011〕011号行政处罚决定书存在具体处罚内容不清问题，其中处罚决定第二项"清除河道内填占的石块、渣土、建筑垃圾恢复原状"未明确某有限公司填占的河道位置、方位以及面积等。根据《中华人民共和国行政强制法》第五十五条的规定，行政机关申请法院强制执行应当提供申请强制执行标的情况，区水务局所作具体行政行为不符合申请强制执行的条件。根据最高人民法院《关于执行〈中华人民共和国行政诉讼法〉若干问题的解释》第八十六条的规定，对不符合条件的申请，人民法院应当裁定不予受理。涵江区人民法院采纳了检察建议，于2014年8月20日裁定撤销〔2012〕涵执审字第61号行政裁定书。

本案中，水行政执法的客体是某公司擅自在某村填占河道的行为。行政处罚决定书应当对该公司的行政违法行为进行详细、具体的规定，即必须明确该有限公司填占的河道位置、方位以及面积等具体内容，否则将导致所作出的行政处罚决定书无法强制执行的后果。

【教学案例4-2解析】

　　行政相对人的相关行为，是否违反了相关行政法律法规的命令性规定、禁止性或限制性规定，是认定行政执法客体的前提条件。本案中，水行政机关认为，原告的行为违反了《中华人民共和国水法》《中华人民共和国防洪法》等法律法规关于"禁止围垦河道"的相关规定。从双方的诉讼与辩护理由及各自提交的证据看，本案的争议焦点在于原告所承包的农地是否属于河道管理范围。关于河道，通常存在以下几种理解：①河道就是指河床，即江河天然水流的通道和载体；②河道是河流的同义词，也就是江河水流与河床的综合体；③河道不仅包括水流与河床，还包括河床范围以内及其边缘的附属物。《中华人民共和国水法》《中华人民共和国防洪法》《中华人民共和国河道管理条例》均未对"河道"作出界定。但《中华人民共和国水法》对河道管理范围内的若干行为作出禁止性规定，如第三十七～三十九条。《中华人民共和国水法》第三十七条第2款规定："禁止在河道管理范围内建设妨碍行洪的建筑物、构筑物以及从事影响河势稳定、危害河岸堤防安全和其他妨碍河道行洪的活动。"《中华人民共和国防洪法》对河道管理范围及其划定作出明确规定。《中华人民共和国防洪法》第二十一条第3款、第4款规定："有堤防的河道、湖泊，其管理范围为两岸堤防之间的水域、沙洲、滩地、行洪区和堤防及护堤地；无堤防的河道、湖泊，其管理范围为历史最高洪水位或者设计洪水位之间的水域、沙洲、滩地和行洪区。流域管理机构直接管理的河道、湖泊管理范围，由流域管理机构会同有关县级以上地方人民政府依照前款规定界定；其他河道、湖泊管理范围，由有关县级以上地方人民政府依照前款规定界定。"《中华人民共和国河道管理条例》也对河道管理范围及其划定作出了规定。《中华人民共和国河道管理条例》第二十条规定："有堤防的河道，其管理范围为两岸堤防之间的水域、沙洲、滩地（包括可耕地）、行洪区，两岸堤防及护堤地。无堤防的河道，其管理范围根据历史最高洪水位或者设计洪水位确定。河道的具体管理范围，由县级以上地方人民政府负责划定。"同此可见，对于河道的认定，根据河道管理范围的划定，应采第三种解释，即河道不仅包括水流与河床，还包括河床范围以内及其边缘的附属物。

　　从上述规定可以看出，河道管理与土地地籍管理存在一定交叉关系。河道管理范围内的地籍管理一般分以下四种情况：①河床经常过水的部分以及河滩，作为河道的基本组成部分，不纳入地籍管理范围，完全依照河道管理有关规定进行管理与保护。②不经常过水的耕地和可利用土地，纳入土地部门的地籍管理，河道管理则是对其耕作和利用方式实施必要的限制，例如禁止种植高秆作物及进行其他妨碍行洪、污染水质的活动等。③对于国家管理的堤防和水工程，由地方人民政府划定工程管理范围，水利部门依法向土地管理部门办理有关手续，确定权属：工程管理范围内的土地由工程管理单位占有和使用，其他部门和单位不得侵占；有的地方一时划定管理范围有困难的，可以先划定管理范围预留地，以此作为行使管理职权的依据。④堤防背水坡一侧管理范围以外的一定距离内划为工程保护范围。本案中的争议地是否属于河道管理范围？相关证据可否证明争议地属于河道管理范围？章某提供的证据可以证明争议地系村委会发包，其享有承包经营权。争议地不经常过水，已纳入土地部门的地籍管理。被告认为县国土资源局出具的说明，证明"二调图"和地籍调查表不是土地确权的依据，不能证明争议地不是河道，即原告证据不能证明争议地不是河道。被告提交了国家测绘总局绘制的地形图，但该地形图没有任何标注，无法确定地图中哪里是土地、草原、森林、河流。被告证据也不能证明争议地是河道。

在双方证据都不能证明争议地是否属于河道管理范围的情况下，应如何认定原告之行为是否属于行政违法行为？《中华人民共和国行政诉讼法》第三十四条规定："被告对作出的行政行为负有举证责任，应当提供作出该行政行为的证据和所依据的规范性文件。被告不提供或者无正当理由逾期提供证据，视为没有相应证据。但是，被诉行政行为涉及第三人合法权益，第三人提供证据的除外。"根据上述规定，一审法院经审理认为，《河道等级划分办法》第四条规定："河道划分为五个等级，即一级河道、二级河道、三级河道、四级河道、五级河道"。第五条规定："河道等级划分程序：一级、二级、三级河道由水利部认定，四级、五级河道由省、自治区、直辖市水利（水电）厅（局）认定。"因此是否为河道，必须有相关机构的权威认定，被告主张原告开垦的64hm² 土地属于河道，未提供河道认定的证据。法院认为，该地在土地部门的地籍调查表中，登记的使用权人为富国村，始终由富国村发包，且"二调图"显示，该土地现状为盐碱地。综上可以认定原告开垦的64公顷土地不属于河道。被告作为县级人民政府水行政主管部门，管理河道是其法定职责，管理土地是县级人民政府国土资源局的法定职责，因此被告阻止原告耕种的行政行为超越职权，属于行政事实行为，不具有可撤销的内容。《中华人民共和国土地管理法》第三十九条第1款规定："开垦未利用的土地，必须经过科学论证和评估，在土地利用总体规划划定的开垦区域内，经依法批准后进行。禁止毁坏森林、草原开垦耕地，禁止围湖造田和侵占江河滩地"，据此原告未经批准开垦土地，属于违法行为，其损失不予保护。据此，一审法院作出判决：第一，被告阻止原告在其承包地内开垦耕种的行政行为违法；第二，驳回原告要求被告赔偿经济损失的诉讼请求。诉讼费50元由被告负担。

但是，一审法院之判决仍有商榷之处。首先，争议地块不属于未利用的土地，富国村在发包的过程中，一直有承包人在经营耕种（相关证据可证明），只是后来由于客观原因导致耕作中断。其次，从《中华人民共和国土地管理法》第三十九条第一款规定的立法原意看，该条中的"开垦未利用的土地"主要是指在江河滩地围垦、陡坡开荒、毁林开荒、乱砍滥伐林木等行为。并无证据证明争议地属于江河滩地。若认定为江河滩地，则争议地属于河道管理范围，行政机关也并非越权行为。《中华人民共和国土地管理法》第三十九条规定的出台有特定的背景：1998年入汛以来，我国一些地方遭受了严重的洪水灾害。特别是长江发生了自1954年以来的又一次全流域特大洪水，松花江、嫩江出现超历史记录的特大洪水，引起举国上下的高度关注。洪水过后，也引起了人们对生态环境保护的高度重视。近年来，随着人口的增加，与水争地的现象日趋严重，大量湖泊和江河滩地被围垦，降低了湖泊的调蓄能力和河道的行洪能力，陡坡开荒、毁林开荒和乱砍滥伐林木现象大量存在，水土流失加剧，河道湖泊严重淤积。为此，九届全国人大常委会第四次会议在第三次审议《土地管理法（修订草案）》时增加了本条规定，其宗旨在于规范耕地开垦行为，保护生态环境。换言之，一审法院据以作出判决的法律依据存在适用错误的问题。一审判决后，章某及水利局均不服，并提起上诉。章某认为：①通榆县水利局没有提供全天候水文监测数据；②依据《中华人民共和国宪法》第九条规定，矿藏、水流只能专属于国家所有，《中华人民共和国物权法》第四十六条规定，矿藏、水流和海域归国家所有。但依据相关证据及一审认定的事实，所争议地块属集体所有与使用，这就从另一个侧面证实了争议地块并非河道；③既然争议地块并非河道，通榆县水利局所实施的具体行政行为应属超越法定职权，因此不具有合法性。由于通榆县水利局的具体行政行为侵犯上诉人的合法权益，并导致上诉人合法的财产利益丧失或未能实现。理应负赔偿责任。水利局认为：①上诉人已提交的《国家测绘总局航测的地形图》能够证明本案争议地是河道，上诉人对该争议地享有管理权，没有越权行政；②由于通榆县境内河流有其特殊性，均为季节性河流，多年且年内大部分时间处于无水断流状态，本案争议地不能以争议时无水来确定不是河道；③章某在上诉人享有管理权的河道内实施了开垦河道、河道内种植阻碍行洪的作物，故上诉人依法对违法行为人进行了警告，该行政行为是合法的。水利局在二审中提供三组证据：①县国土资源局、县水利局2017年4月10日通国土联〔2017〕1号《关于争议地块有关情况的说明》，证明该争议的地块属于通榆县霍林河中股河道；②《吉林省水利厅关于提供我省季节性河流情况的复函》的内容是关于对霍林河中股地块的地类情况说明，国土资源局和水利局组织的现场踏查记录及说明并附有通榆县兴隆水库法人身份证明及法定代表人身份证件、霍林河中股河道争议地块的截图，以此来证明争议地块在通榆县霍林河中股河道，复函当中吉林季节性河流统计表当中也能明确流经通榆县内霍林河中股河道也就是本案争议的地块，为霍林河中股河道；③1964年6月，吉林省水利厅勘测设计院《兴隆水库改建工程初步设计》第三篇"工程地址"第九页，证明霍林河入通榆县后分南北两股，北股又分为中股和北股，中股和北股与黄鱼泡汇合成北股向下，入查干泡后入嫩江。

二审法院认为，《中华人民共和国行政诉讼法》第三十五条规定："在诉讼过程中，被告及其诉讼代理人不得自行向原告、第三人和证人收集证据。"第三十六条规定："被告在作出行政行为时已经收集了证据，但因不可抗力等正当事由不能提供的，经人民法院准许，可以延期提供。"《最高人民法院关于行政诉讼证据若干问题的规定》〔2017〕第六十条第1项规定："下列证据不能作为认定被诉具体行政行为合法的依据：（一）被告及其诉讼代理人在作出具体行政行为后或者在诉讼程序中自行收集的证据"。第五十二条规定："本规定第五十条和第五十一条中的'新的证据'是指以下证据：（一）在一审程序中应当准予延期提供而未获准许的证据；（二）当事人在一审程序中依法申请调取而未获准许或者未取得，人民法院在第二审程序中调取的证据；（三）原告或者第三人提供的在举证期限届满后发现的证据。"法院认为，水利局提供的证据为行政行为作出后收集的证据，不属于新证据。而且无正当理由未在一审中提交。即使水利局提供的证据属于新证据，也不是能证明争议地属于河道的有效证据。二审法院作出判决：章某在所承包的草原上耕种时，通榆县水利局以章某所耕种的土地为河道，属于通榆县水利局管理范围，对章某的耕种行为进行了警告，责令其停止违法行为。《中华人民共和国防洪法》第二十一条第4款规定："流域管理机构直接管理的河道、湖泊管理范围，由流域管理机构会同有关县级以上地方人民政府依照前款规定界定；其他河道、湖泊管理范围，由有关县级以上地方人民政府依照前款规定界定。"《吉林省河道管理条例》第九条第1款规定："各级河道主管机关，应当根据流域综合规划和防洪标准、通航标准及其他有关技术要求，按河道管理权限编制河道整治规划，报同级人民政府批准并报上级河道主管机关备案。"《中华人民共和国河道管理条例》第二十条第3款规定："河道的具体管理范围，由县级以上地方人民政府负责划定"，根据以上法律、行政法规的规定，河道的具体管理范围，由县级以上人民政府负责划定。而本案中，通榆县水利局在一审提供的证据不足以证明争议地为河道。因此，其主张对争议地享有管理权依据不足，一审判决认定通榆县水利局行政行为违法是正确的，应予支持。章某主张由通榆县水利局赔偿因具体行政行为违法造成的经济损失。根据《中华人民共和国行政诉讼法》第三十八条第2款"在行政赔偿、补偿的案件中，原告应当对行政行为造成的损害提供证据。因被告的原因导致原告无法举证的，由被告承担举证责任"的规定，应由章某对通榆县水利局行政行为造成的损害提供证据证实。而本案中，章某未提供相应的证据证实其损失的存在，对其主张本院无法支持。

**【思考题】**

4-1 如何认定河长制执法监管客体？

4-2 河长制执法监管涉及哪几种类型的水事违法行为？

# 第五章

# 河（湖）长制执法监管行为

【教学案例 5 - 1】

　　许某于 2016 年 10 月经过申请，获得所在县水利局许可在淮河某河段内采砂。开采半年后，许某发现获得许可采砂的人数较多，竞争激烈，河砂的价格在不断下降。同时，许某还在经营着其他的项目，他不想在采砂上牵扯过多的精力，于是找到王某询问有没有采砂的想法，王某欣然应允。采砂需要经过许可，如果由王某采砂，那么许某的采砂许可证就必须转让给王某，许某表示自己在获得采砂许可证的同时缴纳了河道采砂管理费，应当在扣除已采的半年应缴纳的采砂管理费后，由王某把剩余的已经缴纳的 5 万元采砂管理费用补给自己，并额外再给 3 万元后，才可以把采砂许可证给王某。王某答应了许某的条件，把 8 万元交给许某并拿到许某的收据后，许某把自己的采砂许可证交给王某。

　　县水利局水政执法人员在巡查过程中发现了这一情况，分别对许某和王某进行了调查，二人对上述事实均予以承认，但县水利局在如何处理这一案件的问题上陷入了困境。

　　【问题】许某和王某的行为合法吗？此案件应当如何处理？

【教学案例 5 - 2】

　　2011 年 9 月，湖北省某县村民肖某未经许可，擅自在某水库库区（河道）管理范围内 316 国道某大桥下建房（房基）5 间，占地面积 289.8m²。2011 年 11 月 3 日，某县水利局根据《中华人民共和国水法》第六十五条出具《行政处罚决定书》，要求肖某立即停止在桥下建房的违法行为，限 7 日内拆除所建房屋，恢复原貌；罚款 5 万元；并告知肖某不服处罚决定申请复议和提起诉讼的期限，注明期满不申请复议、不起诉又不履行处罚决定，将依法申请人民法院强制执行。肖某在规定的期限内未履行该处罚决定，亦未申请复议或提起行政诉讼。2012 年 3 月 29 日，县水利局向法院申请强制执行。2012 年 4 月 23 日，县人民法院做出行政裁定，裁定准予执行行政处罚决定，责令肖某履行处罚决定书确定的义务。但肖某未停止违法建设，截至 2017 年 4 月，肖某已在河道区域违法建成 4 层房屋，建筑面积约 520m²。

　　【问题】本案中县人民法院能否受理县水利局强制执行的申请？

执法监管行为是指具有行政监管职责的行政主体依照行政执法程序及有关法律、法规的规定，对具体事件进行处理并直接影响相对人权利与义务的具体行政法律行为。河长制执法监管行为范围较广，种类较多。限于篇幅，本章主要介绍常见的河长制执法监管行为，主要包括水行政处罚、水行政许可、水行政强制及水行政日常监管巡查制度。

# 第一节 水行政处罚

## 一、水行政处罚概述

### （一）水行政处罚的概念

水行政处罚是水行政执法的一种，其含义为水行政主管部门依照法定职权和程序，对在水事活动中违反相关法律、法规而尚未构成犯罪的行政相对人进行行政制裁的一种具体行政行为。

### （二）水行政处罚的特征

（1）实施水行政处罚的主体具有特定性。实施水行政处罚的主体是具有行政处罚权的水行政主管部门。法律、法规授权的具有管理公共事务职能的组织可以在授权范围内实施水行政处罚；行政部门依照法律、法规、规章的规定，在法定职权内委托其他组织，也有权实施水行政处罚。

（2）水行政处罚程序具有法定性。具有水行政处罚权的行政部门在实施水行政处罚时必须要遵循《行政处罚法》和《水行政处罚实施办法》所规定的程序。水行政处罚的程序包括一般程序、简易程序以及听证程序。

（3）水行政处罚具有惩戒性。水行政处罚是对在水事活动中违反规定的行政相对人苛以的义务。水行政处罚的种类有：警告、罚款、吊销许可证、没收非法所得以及法律规定的其他水行政处罚。它以直接限制或者剥夺相对人的人身权和财产权为内容，是由特定的行政主体实施的强制性的制裁措施。

（4）行政相对人违反的法律具有特定性。水行政处罚中行政相对人违反的是行政法律规范，但并未构成犯罪。如果行政相对人违反水事管理活动的行为构成犯罪，其行为就不再受行政法律规范的调整，而是要受刑事法律规范的调整。

（5）水行政处罚是一种具体行政行为。水行政处罚是行政主体就特定的事项对特定的行政相对人做出的有关该公民、法人或其他组织权利义务的单方行为。水行政处罚决定一旦作出，即具有公定力、确定力、约束力和执行力。

### （三）水行政处罚的一般程序

1. 立案

立案是行政处罚的开端和必经程序。水行政主管机关在发现水事违法行为之后，应当依照自己的管辖范围进行审查，并决定是否立案。一般情况下，立案要符合以下几个条件：①取得违法事实证据；②属于水行政主管部门的管辖范围；③应当给予行政法上的处罚。立案之后，水行政主管部门就取得了排他的管辖权。

2. 调查

水行政主管部门在立案之后为了查清事实要对整个案件进行调查。调查时，行政执法人员不得少于两人，并出示相关证件，进行询问或检查时应当制作笔录。在证据可能灭失或日后难以取得的情况下，行政部门可以对证据进行登记，并保存于一定地点。证据登记保存必须要取得水行政主管部门负责人批准。

3. 审查

水行政部门在调查程序结束之后要对调查结果进行审查，根据不同的情况分别作出不同的行政处罚决定。如果发现行政相对人的违法行为已经构成犯罪，应当将案件移送司法机关。

4. 听取相对人的陈述和申辩

水行政主管部门在作出处罚决定之前，应当告知行政相对人作出水行政处罚的事实和依据，并听取相对人的陈述和申辩。如果符合法律规定应当听证的情形，还应当举行听证会。

5. 做出水行政处罚决定

水行政主管部门认为行政相对人确有行政违法行为的，应当根据情节轻重做出行政处罚决定；违法行为轻微，依法可以不予行政处罚的，不予行政处罚；违法事实不能成立的，不得给予行政处罚。如果对情节复杂或者重大违法行为给予较重的行政处罚，应当由水行政主管部门的负责人在经过集体讨论之后再做出决定。

6. 送达

行政处罚决定书应当在宣告之后当场交付当事人。当事人不在场的，行政部门应当在7日内依照《民事诉讼法》的有关规定，将行政处罚决定书送达当事人。

**二、我国水行政处罚的现状与存在问题分析**

在对我国水行政执法的理论和实践进行深入分析之后可以发现，我国目前的水行政处罚实践中还存在一些亟待解决的问题，这些问题的存在对全面推进依法行政造成了一定的阻碍，不利于实现行政法领域的创新。只有对这些问题加以深入分析，并提出相应的解决方案，才能破解我国水行政处罚领域所面临的困境。具体问题如下。

**（一）滥用水行政处罚自由裁量权的现象时有发生**

行政自由裁量权是行政权力的重要组成部分，其具体含义为行政主体依据法定职权，在符合行政法基本原则的前提下，针对具体的行政法律关系，在各种可能的措施中进行选择，以确保行政决定的公正、合理。行政处罚权属于公权力，它的实施以国家强制力作为最终保障，行政相对人须服从于行政管理，水行政处罚自由裁量权是行政自由裁量权在涉水行政管理中的体现。水行政主管部门在做出行政处罚决定时，可以在法定的幅度内自由选择，包括在处罚种类的自由选择和处罚幅度的自由选择。现代社会行政事务纷繁复杂，"人少案多"矛盾十分突出，行政自由裁量权是现代行政法治的必然要求，也是提高行政效率的重要保障，行政自由裁量权的落实可以让水行政处罚机关根据案件的具体情况灵活机动地实施处罚决定。水行政执法工作的复杂性使水行政处罚的幅度往往都比较宽。但是，在我国目前的涉水行政处罚中，经常会发生破坏水法律、法规公平和公正的滥用行政处罚自由裁量权的现象。水行政主管部门做出处罚决定时的不正当目的、不合理考虑使得涉水行政处罚的结果畸轻畸重，行政相对人的违法行为与其受到的行政处罚不相适应。水行政处罚滥用自由裁量权的一个主要表现是，对相同或相似的违法行为进行区别对待，同样的水事违法行为受到的行政处罚的种类及幅度并不相同。这说明水行政主管部门的工作人员在做出处罚决定时受到了其他因素的干扰。相同案件不同处理使相对人不能对自己的行为作出预测，这样会挑战法律的权威，也不利于维护正常的水事秩序。

**（二）对单位实施的水事违法行政的处罚仍是"单罚制"**

近年来，我国经济从高速度转向高质量发展，产业结构不断优化升级，但是水资源作为人类社会最重要的资源之一，仍是公司、企业实现经济效益必不可少的要素。因此，很多单位为了减少投入成本、谋取非法利益，不惜铤而走险，实施破坏水资源的水事违法行为，走上了违法犯罪的道路。在我国目前的水事违法案件中，单位犯罪的比例持续上升。根据江苏省水利厅的数据，最近几年在江苏省发生的水事违法案件中，单位犯罪占据了一半以上。虽然我国对水事违法犯罪行为的打击力度不断增大，但单位水事违法行为还是屡见报端。究其原因，我们或许能够从我国水事法律制度设计的缺陷中找到答案。为规范水行政处罚行为，保障和监督水行政主管部门有效实施水行政管理，保护公民、法人或者其他组织的合法权益，维护公共利益和社会秩序，水利部在1997年颁布了《水行政处罚实施办法》，它是水行政主管部门对违法的行政相对人进行行政处罚的重要依据之一。但是，该办法对单位实施的水事违法行为规定的仍是"单罚制"，即单位实施了水事违法行为之后，只根据单位的违法程度对其进行相应的处罚，如：对企业进行罚款、责令停产停业、吊销营业执照或许可证等。但是，该办法对单位的工作人员尤其是直接责任人员并未规定相应的处罚措施。这一制度设计为单位实施水事违法行为埋下了"祸根"。由于现行法律对单位的有关责任人员无可奈何，这会导致单位的主要负责人无视法律法规，为了追求所谓的经济效益，而实施破坏水资源及水利设施的违法行为。这不仅不利于单位的可持续发展，也会造成国家资源的巨大浪费。

**（三）水行政处罚常常忽视程序正义**

正当程序理论起源于英国的"自然公正"，是指公正、公开、合理、效率的程序要求。程序公正是结果公正的前提和保障，也是现代行政法治的核心要求。水行政主管在做出行政处罚决定时遵守正当程序可以为行政相对人提供行政参与的机会，这样相对人能够对行政处罚决定的形成发挥有效的制约作用，同时也肯定了相对人的主体地位。从而使行政关系真正具有双方性，使行政相对人真正成为行政法关系的主体。但是，我国行政法领域中"重实体、轻程序"的法律文化传统会导致行政机关片面地追求结果正义而忽视正当程序。在水行政处罚中，对程序的忽视似乎成为了一种普遍现象。例如，水政监察人员在发现水事违法行为后往往会先对行政相对人做出行政处罚决定，然后再去收集证据证明其处罚决定的合法性。毫无疑问，这是对"先取证，后裁决"这一正当程序的背离。这样一来，行政相对人就被置于一个十分被动的局面，其合法权益得不到充分的保障。听证制度作为行政程序的核心，是行政相对人通过程序权利保障实体权利的重要途径。我国《行政处罚法》就明确规定，在适用普通程序时，行政部门在作出吊销营业执照或许可证、责令停产停业、较大数额罚款等行政处罚时应当告知相对人有听证的权利，相对人要求听证的，行政部门应当举行听证，并且应当由专门的书记员制作听证笔录。在简易程序中，行政部门在作出吊销营业执照或许可证、2000元以上罚款等行政处罚决定时，应当告知相对人听证的权利，相对人要求听证的，应当举行听证会。在水行政处罚程序中，当水行政部门对公民处以 5000 元以上、对法人处以 50000 元以上的罚款或者作出吊销许可证等行政处罚时应当举行听证。但是，由于水行政主管部门的执法人员程序意识较为淡薄，他们在遇到法律规定的应当听证的情形时并不会主动举行听证，这样会导致水行政处罚的听证沦为一个可有可无的形式，程序正义在水行政处罚领域就得不到伸张。

### 三、完善我国水行政处罚制度的建议

为了进一步加强和规范水行政处罚工作、提升水行政执法的工作水平、维护行政相对人的合法权益。结合我国水行政处罚所面临的问题，今后水行政处罚工作应当着重从以下几个方面进行探索。

#### （一）对行政处罚自由裁量权进行规制

水行政主管部门滥用行政处罚自由裁量权会极大地损害行政相对人的合法权益，动摇人们对法律的信仰，带来一系列的负面效应。因此，我们应当建立行政处罚裁量基准制度，对行政处罚自由裁量权进行规制。行政处罚自由裁量基准是指行政部门在法律规定的裁量空间内，依据行政法的合理原则并结合水行政主管部门在水行政处罚实践中积累的经验，将法律规范预先规定的裁量范围加以细化，对不同的水行政违法行为设定具体的判断标准。2004 年国务院颁布了《全面推进依法行政实施纲要》（以下简称《纲要》）。它的颁布为全面推进依法行政、建设法治政府提供保障。同时，《纲要》的颁布也为行政处罚裁量基准制度的确立提供了法律依据。为此，我们可以从以下方面落实对行政处罚自由裁量权的制约。

（1）在水行政处罚领域应当严格贯彻重大事项集体讨论制度。对于相对人实施的可能造成重大社会影响的水事违法行为，应当按照《水行政处罚实施办法》的规定，由水行政主管部门的主要负责人进行讨论之后做出决定。这种对行政裁量权的内部制约，可以使水行政处罚的结果更加公正、合理，也使行政相对人更容易接受水行政主管部门做出的处罚决定。最重要的是，该制度的落实还能在很大程度上避免水行政主管部门的工作人员滥用职权。

（2）应当完善水行政处罚的备案制度。上级水行政主管部门对下级水行政主管部门负有监督职责。当水行政主管部门做出重大水行政处罚决定时，应当按照法定程序向备案机关报送备案。备案机关收到材料后应当进行严格审查。如果水行政处罚决定事实清楚、证据确实充分、适用法律正确，备案机关应当作出准予处罚的决定。如果备案机关发现水行政主管部门的水行政处罚决定存在事实不清、程序不合法等情形，应当告知作出处罚决定的行政机关并要求其重新做出水行政处罚决定。

（3）从外部控制手段上说，应当推动政务公开，完善信息公开制度。公开是最好的防腐剂，信息公开不仅有利于限制腐败的滋生，也让人民监督政府成为了可能。因此，水行政主管部门在作出处罚决定后，除依照法律规定不能公开的以外，应当及时将与水行政处罚有关的资料向社会公众公开，并为公众查阅相关信息提供必要的便利。

#### （二）落实单位实施水事违法行为的"双罚制"

单位实施的水事违法行为是由单位的主要负责人作出决策并实施的，虽然表面上"获益"的是单位，但是整个犯罪过程却是单位工作人员意志的体现，他们只是在利用单位这一不能表达意志的实体来帮助自己实施水事违法行为。并且，实施水事违法行为所带来的

"收益"也大多落入了工作人员之手。因此，当一个单位在实施违法行为时，即意味着单位作为一个整体在实施，也意味着单位的主要负责人或者直接责任人在实施水事违法行为。即单位违法行为具有双重性质，既体现了单位的违法性，也体现了工作人员的违法性。一个单位实施水事违法行为毕竟是为了单位谋取非法利益，并按照单位的决策程序所做出，所以单位理应受到处罚，但是我们应该看到整个犯罪行为却是由工作人员一手操控的，工作人员的主观恶性显露无遗。因此，不能让单位成为工作人员的挡箭牌。"单罚制"的缺点是显而易见的，它会助长单位的不正之风，甚至会间接"鼓励"单位的工作人员实施违法行为。由此可以得出结论——对单位水事违法行为实行"双罚制"是破解我国水行政处罚领域困境的重要举措。鉴于此，对于实施水事违法行为的单位，在对单位进行处罚之后还应当对单位的工作人员进行处罚。但对工作人员进行处罚有个前提条件，那就是工作人员存在故意或者重大过失。因为主观恶性是对行为人进行行政处罚的前提。对工作人员行政处罚的种类也是多样的，例如，可以根据单位的主要负责人员或者直接责任人员的主观恶性进行数额不等的罚款，罚款数额应当从 5000 元至 5 万元不等。或者吊销工作人员的从业资格，情节严重的，还应当对工作人员进行行政拘留。

### （三）水行政执法过程要符合程序正义

鉴于水行政处罚领域程序"缺位"现象，我们应当通过一系列制度设计提升水政监察人员的程序意识，以提高行政行为的可接受程度，限制行政主体恣意行使行政权力。

（1）应当完善听证制度。简单来说，行政处罚的听证制度是指水行政主管部门在作出水行政处罚决定之前，由非本案调查人员担任听证会的主持人，采用准司法的方式，听取案件双方当事人陈述和申辩的制度。听证制度是相对人一项重要的程序性权利，能使相对人参与到水行政主管部门作出处罚决定的全过程。因此，对于法律规定的应当举行听证的情形应当严格贯彻执行，使听证制度真正发挥其保护相对人合法权益的重要作用。

（2）水行政主管部门在作出处罚决定时应当遵循"先取证，后裁决"这一正当程序要求。即水政监察人员只有在掌握充分证据的基础上才能对行政相对人作出行政处罚决定。如果水政监察人员"先裁决，后取证"，即使水行政处罚的结果是公正的，这一行政决定也应以程序违法为由予以撤销。

（3）应当提高水行政执法人员的法律素养。工作人员素质的高低直接影响了一项工作的完成度。我国水政监察人员的法律素养参差不齐，这给水行政执法工作造成了很大的影响。在我国水行政处罚的实践中，暴力执法情况时有发生。因此，要加强对水政监察人员的培训，提高其业务水平和程序意识，使水行政处罚决定既符合程序正义又符合结果正义。并且，行政机关中初次从事行政处罚决定审核的人员，应当通过国家统一法律职业资格考试取得法律职业资格。

（4）在司法领域应当落实行政案卷排他制度。案卷排他制度是司法领域一项重要的程序性规则。行政案卷排他原则要求人民法院只能对行政案卷内的证据进行审查，以判断一个具体行政行为是否合法。如果人民法院发现行政机关在作出行政行为后又收集补充证据，那么补充收集的证据并不能被用来作为认定行政行为合法的证据。从这个意义上说，在行政诉讼中完善行政案卷排他原则能从司法层面制约行政机关在作出行政决定之前应当有足够的证据和依据。

# 第二节 水 行 政 许 可

## 一、水行政许可的概念与特征

### （一）水行政许可的概念

水行政许可指的是水行政许可实施机关，根据公民、法人和其他组织的申请，经依法审查，准予其从事特定活动的行为。水行政许可实施机关是县级以上人民政府水行政主管部门，或者法律法规授权的流域管理机构或者其他可以行使水行政许可权的组织。根据有关的法律、法规、规章和水行政许可实施办法规定的权限、范围、条件、程序和期限，在行政管理范围内，准予相对人从事某种水事活动的申请，一般通过发放许可证的形式来实施的一种水行政管理制度和水行政执法的方式。

### （二）水行政许可的依据

1. 党中央关于行政许可制度的设定

党的十八届三中全会正式将"建设法治中国"写入《中共中央关于全面深化改革若干重大问题的决定》，并确立为发展社会主义民主政治的改革方向和工作方向。深化行政执法体制改革作为建设法治中国的重要支柱和改革内容。水行政许可作为行政执法的重要组成部分，自然需对其加以完善。

2. 全国人大关于水行政许可制度的设定

《行政许可法》第十二条规定："下列事项可以设定行政许可：（一）直接涉及国家安全、公共安全、经济宏观调控、生态环境保护以及直接关系人身健康、生命财产安全等特定活动，需要按照法定条件予以批准的事项；（二）有限自然资源开发利用、公共资源配置以及直接关系公共利益的特定行业的市场准入等，需要赋予特定权利的事项；（三）提供公众服务并且直接关系公共利益的职业、行业，需要确定具备特殊信誉、特殊条件或者特殊技能等资格、资质的事项；（四）直接关系公共安全、人身健康、生命财产安全的重要设备、设施、产品、物品，需要司法改革角度按照技术标准、技术规范，通过检验、检测、检疫等方式进行审定的事项；（五）企业或者其他组织的设立等，需要确定主体资格的事项；（六）法律、行政法规规定可以设定行政许可的其他事项。"这是设定行政许可的总则性规定，通过设定行政许可的事项范围，有利于发挥公民、法人和其他组织的积极性、主动性，维护公共利益和社会秩序，促进经济、社会和生态环境协调发展。此外，《中华人民共和国水法》《中华人民共和国防洪法》《中华人民共和国水土保持法》《中华人民共和国水污染防治法》等法律对水行政许可的种类作出了明确规定，此部分将在下文予以详细阐述。

3. 国务院关于水行政许可制度的规定

《河道管理条例》第三条规定："开发利用江河湖泊水资源和防治水害，应当全面规划、统筹兼顾、综合利用、讲求效益，服从防洪的总体安排，促进各项事业的发展。"设立水行政许可自然也需要坚持上述原则性规定，才能促进水资源的有效利用，维护良好、和谐的水事秩序。

4. 水利部关于水行政许可制度的规定

水利部出台了《水行政许可实施办法》《水行政许可听证规定》《水利部实施行政许可管理规定》和《水行政许可法律文书示范格式文本》等规定，为我国水行政许可工作的稳定运行提供了重要的制度保障。

**（三）水行政许可的种类**

根据现行的《中华人民共和国水法》《中华人民共和国防洪法》《中华人民共和国水土保持法》《中华人民共和国水污染防治法》等法律、行政法规的规定，常见的水行政许可有如下几种情况。

1. 取水许可

《中华人民共和国水法》第七条规定："国家对水资源依法实行取水许可制度和有偿使用制度。但是，农村集体经济组织及其成员使用本集体经济组织的水塘、水库中的水除外。国务院水行政主管部门负责全国取水许可制度和水资源有偿使用制度的组织实施"。第四十八条规定："直接从江河、湖泊或者地下取用水资源的单位和个人，应当按照国家取水许可制度和水资源有偿使用制度的规定，向水行政主管部门或者流域管理机构申请领取取水许可证，并缴纳水资源费，取得取水权"。

2. 水工程建设项目许可

《中华人民共和国水法》第十九条规定："建设水工程，必须符合流域综合规划。在国家确定的重要江河、湖泊和跨省、自治区、直辖市的江河、湖泊上建设水工程，未取得有关流域管理机构签署的符合流域综合规划要求的规划同意书的，建设单位不得开工建设；在其他江河、湖泊上建设水工程，未取得县级以上地方人民政府水行政主管部门按照管理权限签署的符合流域综合规划要求的规划同意书的，建设单位不得开工建设。水工程建设涉及防洪的，依照防洪法的有关规定执行；涉及其他地区和行业的，建设单位应当事先征求有关地区和部门的意见"。

《中华人民共和国防洪法》第二十七条规定："建设跨河、穿河、穿堤、临河的桥梁、码头、道路、渡口、管道、缆线、取水、排水等工程设施，应当符合防洪标准、岸线规划、航运要求和其他技术要求，不得危害堤防安全，影响河势稳定、妨碍行洪畅通；其可行性研究报告按照国家规定的基本建设程序报请批准前，其中的工程建设方案应当经有关水行政主管部门根据前述防洪要求审查同意。前款工程设施需要占用河道、湖泊管理范围内土地，跨越河道、湖泊空间或者穿越河床的，建设单位应当经有关水行政主管部门对该工程设施建设的位置和界限审查批准后，方可依法办理开工手续；安排施工时，应当按照水行政主管部门审查批准的位置和界限进行"。

3. 河道采砂许可

《中华人民共和国水法》第三十九条规定："国家实行河道采砂许可制度。河道采砂许可制度实施办法，由国务院规定。在河道管理范围内采砂，影响河势稳定或者危及堤防安全的，有关县级以上人民政府水行政主管部门应当划定禁采区和规定禁采区，并予以公告"。

《长江河道采砂管理条例》第九条规定："国家对长江采砂实行采砂许可制度。河道采砂许可证由沿江省、直辖市人民政府水行政主管部门审批发放；属于省际边界重点河段的，经有关省、直辖市人民政府水行政主管部门签署意见后，由长江水利委员会审批发放；涉及航道的，审批发放前应当征求长江航务管理局和长江海事机构的意见。省际边界重点河段的范围由国务院水行政主管部门划定。河道采砂许可证式样由国务院水行政主管部门规定，由沿江省、直辖市人民政府水行政主管部门和长江水利委员会印制"。

4. 排污许可

《中华人民共和国水法》第三十四条规定："禁止在饮用水水源保护区内设置排污口。在江河、湖泊新建、改建或者扩大排污口，应当经过有管辖权的水行政主管部门或者流域管理机构同意，由环境保护行政主管部门负责对该建设项目的环境影响报告书进行审批"。

《中华人民共和国水污染防治法》第十九条："新建、改建、扩建直接或者间接向水体排放污染物的建设项目和其他水上设施，应当依法进行环境影响评价。建设单位在江河、湖泊新建、改建、扩建排污口的，应当取得水行政主管部门或者流域管理机构同意；涉及通航、渔业水域的，环境保护主管部门在审批环境影响评价文件时，应当征求交通、渔业主管部门的意见。建设项目的水污染防治设施，应当与主体工程同时设计、同时施工、同时投入使用。水污染防治设施应当符合经批准或者备案的环境影响评价文件的要求"。

5. 在洪泛区、蓄滞洪区内建设非防洪建设项目的许可

《中华人民共和国防洪法》第三十三条规定："在洪泛区、蓄滞洪区内建设非防洪建设项目，应当就洪水对建设项目可能产生的影响和建设项目对防洪可能产生的影响作出评价，编制洪水影响评价报告，提出防御措施。洪水影响评价报告未经有关水行政主管部门审查批准的，建设单位不得开工建设。在蓄滞洪区内建设的油田、铁路、公路、矿山、电厂、电信设施和管道，其洪水影响评价报告应当包括建设单位自行安排的防洪避洪方案。建设项目投入生产或者使用时，其防洪工程设施应当经水行政主管部门验收。在蓄滞洪区内建造房屋应当采用平顶式结构。"

6. 生产建设项目水土保持方案许可

《中华人民共和国水土保持法》第二十五条规定："在山区、丘陵区、风沙区以及水土保持规划确定的容易发生水土流失的其他区域开办可能造成水土流失的生产建设项目，生产建设单位应当编制水土保持方案，报县级以上人民政府水行政主管部门审批，并按照经批准的水土保持方案，采取水土流失预防和治理措施。没有能力编制水土保持方案的，应当委托具备相应技术条件的机构编制。水土保持方案应当包括水土流失预防和治理的范围、目标、措施和投资等内容。水土保持方案经批准后，生产建设项目的地点、规模发生重大变化的，应当补充或者修改水土保持方案并报原审批机关批准。水土保持措施实施过程中，水土保持措施需要作出重大变更的，应当经原审批机关批准。生产建设项目水土保持方案的编制和审批办法，由国务院水行政主管部门制定"。

7. 水文测站设立、调整审批

《中华人民共和国水文条例》第十四条规定："国家重要水文测站和流域管理机构管理的一般水文测站的设立和调整，由省、自治区、直辖市人民政府水行政主管部门或者流域管理机构报国务院水行政主管部门直属水文机构批准。其他一般水文测站的设立和调整，由省、自治区、直辖市人民政府水行政主管部门批准，报国务院水行政主管部门直属水文机构备案"。第十五条规定："设立专用水文测站，不得与国家基本水文测站重复；在国家

基本水文测站覆盖的区域，确需设立专用水文测站的，应当按照管理权限报流域管理机构或者省、自治区、直辖市人民政府水行政主管部门直属水文机构批准。其中，因交通、航运、环境保护等需要设立专用水文测站的，有关主管部门批准前，应当征求流域管理机构或者省、自治区、直辖市人民政府水行政主管部门直属水文机构的意见。撤销专用水文测站，应当报原批准机关批准"。

8. 水利项目设计文件审查

《国务院对确需保留的行政审批项目设定行政许可的决定》第一百七十二条规定水利基建项目初步设计文件应由县级以上人民政府水行政主管部门进行审批。

**（四）水行政许可的程序**

《行政许可法》明确要求行政机关应当将法律、法规、规章规定的有关行政许可的事项、依据、条件、数量、程序、期限以及需要提交的全部材料的目录和申请书示范文本等在办公场所公示。申请人要求行政机关对公示内容予以说明、解释的，行政机关应当说明、解释，提供准确、可靠的信息。行政许可严格按照申请、受理、审查、决定、听证、变更与延续等程序，当然，法律另有规定的除外。此外，《水行政许可实施办法》也对水行政许可制度的程序性事项作出了相应规定。

**（五）水行政许可的监督与处理**

有权必有责，用权受监督。《行政许可法》规定，当行政许可事项作出后，上级行政机关应当加强对下级行政机关实施行政许可的监督检查，及时纠正行政许可实施中的违法行为。水行政许可实施机关违法实施水行政许可，给当事人的合法权益造成损害的，应当依照国家赔偿法的规定给予赔偿。将行政权力与责任挂钩，促使水行政机关作出更加合法、合理的许可决定。

## 二、水行政许可存在的问题

**（一）水行政审批与执法相分离**

在日常工作中，水行政审批部门与执法部门虽然都隶属于水行政主管部门，但是所属的水行政主管部门层级不同，不能进行良好的沟通，给水行政执法工作带来困扰。主要存在两种情况：①水行政审批工作具有一定的特殊性，有部分水行政审批会在地市级以上的水行政主管部门或者是流域管理机构进行，但按照属地化管辖原则，执法一般由基层的水行政执法部门进行。当基层水行政执法人员在对工程建设进行检查时，审批手续没有放置在现场，水行政执法部门在现场往往无法判断该工程是否已经取得了合法的审批手续。②对于县级水行政主管部门进行的审批，市级水行政执法部门在检查时面临无法在现场判断行为是否合法的问题，对正在进行水行政执法的工作人员造成困扰。除了上述的两种情况，还将面临着当事人在水行政执法的过程中并未取得合法的审批手续，在案件办理过程中，当事人临时办理了审批手续，给执法工作人员的工作带来极大的困扰，水行政审批部门与执法部门的分离加剧了水行政执法的难度。此外，水行政许可工作中也存在审批项目科室共同参与、衔接工作未做好的问题。众所周知，水行政许可工作涉及水事活动的方方面面，进行许可审批既要有法律依据又要有技术依据。仅仅依靠一个部门必然不能完成审批工作，必须是多部门共同把关、共同监督，才能保证水行政许可工作的科学性。

## （二）水行政许可运行程序不规范

虽然《行政许可法》《水行政许可实施办法》等法律法规对行政许可的受理、审查与决定、时限、监督检查等程序性事项均作出了明确规定，但是在实践中有些规定的执行效果尚不理想，运作过程中仍然存在一些不规范现象。以南京市江宁区为例，南京市江宁区已经将所有水行政审批事项纳入区行政服务中心办理，一定程度上大大提高了水行政许可工作的依法办事水平，但与行政许可法的要求相比，仍然存在一定差距。由于实际操作不规范和人为因素等原因，出现了审批项目名称与市局项目名称、承诺时限、申请材料不统一等问题。

在实践中，常见的程序性问题包括：①行政许可办理机构直接受理行政许可申请，直接送达行政许可决定，使各级水行政主管部门无法对该水行政许可行为进行监督管理；②部分承办机构未按规定向水行政许可申请人发放《行政许可申请受理通知书》，最终导致水行政许可申请人无从知晓申请是否被受理，也使得水行政许可的办理时限无从计算；③部分承办机构对行政许可项目审查不严格，未一次性告知申请人补齐相关材料，致使申请人多次反复补递材料，甚至重复提供申请材料，给水行政许可相对人带来不便；④部分承办机构未在规定的时限内办完许可手续，超时限许可、长期积压许可项目，致使申请人多次追问，人为降低行政许可工作效率，并最终导致行政机关的形象与公信力降低；⑤部分承办机构没有按照规定告知申请人、利害关系人陈述、申辩和申请听证的权利，且承办机构尚未充分听取申请人、利害关系人的意见，最终影响了有关方的合法权益等。

## （三）水行政许可的监管不到位

《行政许可法》明确规定，行政机关应当建立健全监督管理制度，通过核查反映被许可人从事行政许可事项活动情况，履行监督责任。但是，实践中一些许可承办机构只重视许可审批，却忽视对许可事项监督检查。水行政许可的监管内容主要包括两方面：①对应当办水行政许可而未办理的项目进行监管；②对已经办理了水行政许可审批但未按规定实施的项目进行监管。对于办理了水行政许可并获准开工建设的项目，缺乏必要的监管制度，导致许可项目的监管有名无实。例如办理了河道占用证的单位随意扩大占用范围，破坏河道堤防情况时有发生，如果不对其实施监管导致该状况得不到及时制止，则会严重影响河湖的防洪、通行等功能的发挥。

## 三、完善水行政许可制度的建议

### （一）规范设置水行政许可事项的法律法规

应以现有法律法规为基础，经过科学论证，对应当设立行政许可事项的领域，逐步制定颁布相应的法律、行政法规、规章和规范性文件进行管理，这些法律、行政法规、规章和规范性文件分工衔接，共同构筑水行政许可制度的法律框架，实现水行政许可的有序化。主要措施有：①水利部有关司局要继续清理和规范水利行政审批的主体，从源头上解决多头审批、重复审批的现象；②完善《行政许可法》配套法规和制度建设，水利部有关司局应当根据清理结果和水利部的实际状况，按照《行政许可法》要求，采取制定、颁布配套法规或单项管理制度的形式，建立水行政许可的综合管理制度以及各项具体制度，包括水行政许可的设立制度、实施制度、管理制度、监督制度以及程序性制度，如回避制度、听证制度等。此外，还应当建立水利行政执法评议考核制度和执法过错责任追究制度。这些法规和制度应当相互补充，成为一个有机的统一整体，形成行政许可的法律体系。

### （二）规范水行政许可的办理程序

水行政许可工作的有效运行既要注重对相关法律法规的学习，也要坚持严格按照规范程序办事，改变传统的重视实体许可事项而忽视程序的做法。

（1）应当不断完善行政许可办理流程，明确提交材料目录和要求，加强与各承办机构沟通，强化资料审查，一次性告知申请人补正材料，简化办事环节，严格执行相关法律文书，提高统一受理效率。

（2）应当坚决执行统一受理行政许可申请、统一送达行政许可决定书制度。承办机构在接到行政机关批办的行政许可申请后，要加强现场调查核实，严格按照有关法律法规要求和时效进行实体性审核，提出行政许可意见和专家论证意见，交有关机关审核后，统一送达行政许可决定书。

（3）应当完善信息公开制度，为了肯定和保护公民的知情权、参与权和监督权，行政许可应当做到行政许可事项、实施主体、实施条件、程序、实施期限、行政机关作出的决定文件公开，使得公众能够及时、便捷地获得相关信息。

（4）应当重视申请人、利害关系人陈述、申辩和听证的权利，充分听取各方面意见，依法维护社会各方利益。

### （三）加大水行政许可的监管力度

对于水行政许可项目的监管可分为对被水行政许可事项的监管与对水行政许可实施机关的监管。

（1）应当加强对被水行政许可事项的监管。根据"谁许可，谁监管"的原则，要审查水行政许可相对人是否按照取得的水行政许可批准的内容进行施工，及时发现并纠正违法行为。如申请人存在伪造材料骗取许可、超越许可范围施工等行为，监管机关应当严格依据有关规定撤销许可，责令其限期整改，进而维护正常的水事秩序。

（2）应当强化对水行政许可实施机关的监管。主要检查：实施机关和承办机构实施行政许可是否越权；行政机关是否实行了一个窗口对外；是否依法公示了行政许可事项、依据、条件、数量、程序、期限以及需要提交的全部材料目录和申请书格式文本；是否在规定的期限内一次性告知申请人需要补正的全部内容；不予行政许可是否说明了理由；依法应当举行听证的是否举行了听证；是否遵守期限制度；是否有违法收取费用等情形。各级水行政主管部门要按照各自的职责，对下级机关及承办机构的水行政许可工作进行定期检查和专项检查，并实行定期通报制度。同时，对不履行监管义务及徇私舞弊的工作人员及其他直接责任人员应给予相应处分。

（3）可以发挥新闻媒体的监督作用。法治政府的建设离不开社会的监督，新闻媒体作为社会监督的一种，能够在很大程度上有效发挥对水行政主管部门的监督作用，并能及时发现许可过程中存在的违法情形。新闻媒体通过对水行政主管部门的动态监督，能够在很大程度上避免许可决定中的程序性错误，使水行政许可决定不偏离法律的轨道。

### （四）创新水行政许可执法工作，健全水行政许可执法体系

按照依法行政的要求，逐步调整和理顺部门之间的审批职能，并按照精简、统一、效

能和权责一致的原则，切实解决职能交叉、多头审批等问题。对于单个行政许可涉及多个部门审批的，要加强部门沟通，变"串联审批""一头审批"为"并联审批"，积极探索建立联合审批机制，坚持联审联办，相互协调。在审批实施过程中，要加强职能部门之间、科室之间的协调，尤其是对于涉及审批事项较多、较复杂的建设项目，应当相互交流彼此之间的信息，增进对双方行业法律法规和技术要求的了解，最终实现水行政许可工作的有效开展。此外，为了保障和促进水行政许可的依法实施，可以建立与完善重大行政许可决定专家评估制度。通过聘请一批具备相关理论知识的专家组成，由专家为重大水行政许可决定作出进行评估并提供专业意见，为水行政许可事项审批提供强有力的技术保障。

## 第三节 水 行 政 强 制

### 一、水行政强制概述

#### （一）水行政强制的概念

水行政强制是指水行政主管部门为了实现行政目的，依据法定职权和程序对相对人的人身、财产和行为采取的强制性措施。水行政强制包括两个类型：一类是水行政强制措施，另一类是水行政强制执行。水行政强制措施，是指水行政执法机关在行政管理过程中，为制止违法行为、防止证据损毁、避免危害发生、控制危险扩大等情形，依法对公民的人身自由实施暂时性限制，或者对公民、法人或者其他组织的财物实施暂时性控制的行为。行政强制执行，是指水行政执法机关或者水行政执法机关申请人民法院，对不履行行政决定的公民、法人或者其他组织，依法强制履行义务的行为。

#### （二）水行政强制的特征

1. 水行政强制的实施主体具有特定性

水行政强制的实施主体是水行政主管部门。水行政强制措施由法律、法规规定的水行政执法机构在法定职权范围内实施。水行政强制措施权的实施不得委托。依据《中华人民共和国行政处罚法》的规定行使相对集中行政处罚权的行政机关，可以实施法律、法规规定的与行政处罚权有关的水行政强制措施。水行政强制措施应当由行政机关具备资格的行政执法人员实施，其他人员不得实施。行政强制执行由法律设定。法律没有规定行政机关强制执行的，作出行政决定的行政机关应当申请人民法院强制执行。

2. 水行政强制的设定和实施具有法定性

水行政强制的设定和实施，应当依照法定的权限、范围、条件和程序。采用非强制手段可以达到行政管理目的应适当，不得设定和实施行政强制。实施水行政强制，还应当坚持教育与强制相结合。公民、法人或者其他组织对水行政执法机构实施行政强制，享有陈述权、申辩权；有权依法申请行政复议或者提起行政诉讼；因行政机关违法实施行政强制受到损害的，有权依法要求赔偿；公民、法人或者其他组织因人民法院在强制执行中有违法行为或者扩大强制执行范围受到损害的，有权依法要求赔偿。

3. 水行政强制的实施受监督

水行政强制的设定机关应当定期对其设定的行政强制进行评价，并对不适当的行政强制及时予以修改或者废止。水行政强制的实施机关可以对已设定的行政强制的实施情况及存在的必要性适时进行评价，并将意见报告该行政强制的设定机关。公民、法人或者其他组织可以向行政强制的设定机关和实施机关就行政强制的设定和实施提出意见和建议。有关机关应当认真研究论证，并以适当方式予以反馈。

4. 水行政强制的目的特定

水行政强制的目的是为了实现一定的行政目的，如为了制止或者预防正在发生或者可能发生的违法行为、危险状态以及不利后果，或者为了保全证据、确保案件查处工作的顺利进行等，保障行政管理的顺利进行。

**（三）水行政强制措施的一般程序**

根据《行政强制法》第十八条的规定，实施水行政强制措施的一般程序如下：

（1）实施前须向行政机关负责人报告并经批准。

（2）由两名以上行政执法人员实施。

（3）出示执法身份证件。

（4）通知当事人到场。

（5）当场告知当事人采取行政强制措施的理由、依据以及当事人依法享有的权利、救济途径。

（6）听取当事人的陈述和申辩。

（7）制作现场笔录。

（8）现场笔录由当事人和行政执法人员签名或者盖章，当事人拒绝的，在笔录中予以注明。

（9）当事人不到场的，邀请见证人到场，由见证人和行政执法人员在现场笔录上签名或者盖章。

法律、法规规定的其他程序如下：

根据《行政强制法》第二十条，水行政强制措施的实施限制公民人身自由时，除应当履行上述程序外，还应当遵守以下规定：①当场告知或者实施行政强制措施后立即通知当事人家属实施行政强制措施的行政机关、地点和期限；②在紧急情况下当场实施行政强制措施的，在返回行政机关后，立即向行政机关负责人报告并补办批准手续；③法律规定的其他程序。

实施限制人身自由的行政强制措施不得超过法定期限。实施行政强制措施的目的已经达到或者条件已经消失，应当立即解除。

**二、水行政强制制度存在的问题**

**（一）水行政强制措施执法主体与法律规定存在冲突**

根据我国《水法》等涉水法律法规的规定，行政强制行为由水行政主管部门来实施。但是，在实践中，实施水行政强制措施的主体通常是水行政监察队伍。水行政监察部门作为事业编制的执法组织，其水行政执法职权来源于水利部 2000 年出台并于 2004 年修订的《水利监察工作章程》，然而该章程只是水利部的规章，因此，水政监察队伍之所以具备执法资格，是因为根据章程规定，使其成为受水行政主管部门委托的组织，此外，由于水行政监察部门是"事业编制"，水政监察的组成人员也自然不属于水行政主管部门的工作人员。但根据《行政强制法》第十七条第 1 款和第 3 款的规定，行政强制措施权不得委托，行政强制措施应当由行政机关具备资格的行政执法人员实施，其他人员不得实施。可见，在《行政强制法》实施后，水行政监察队伍不应再具备实施水行政强制措施的权力。但水行政监察部门是当下水行政执法的主要力量，其接受水行政主管部门的委托，依然可以行使水行政许可和水行政处罚的权利，水行政强制措施实施权的丧失将直接影响水行政监察队伍的水行政执法效果。

### （二）水行政强制监管不足

在实践中，对于水行政强制制度的监管可以分为内部监管和外部监管两种。但是，在现实中，内部监管主体与具体行政行为的实施主体均为行政机关，进而会发生"护短"的现象。此外，外部监督主要是检察机关的监督。一般而言，检察机关监督行政强制行为的手段有两种：一是发出检察建议；二是发出纠正违法通知书。但是，检察建议本身不具备法律上的强制力，无法高效督促行政机关行使职能。行政机关即使受到检察建议或者纠正违法通知书，行政机关的态度消极懈怠，没有后续监管措施的支撑导致检察机关的监督职能无法真正发挥实效。我国《宪法》虽然明确了检察机关的监督地位，但是对于具体的监督主体、范围、程序以及方式等都没有具体的规定。为保障水行政强制制度的高效实施，有必要对于检察机关的监督职能进行严格的细化，监督水行政部门依法行政、纠正违法行政行为来完成宪法赋予它的使命，通过监督行政机关行使权力，督促行政机关合法行政、合理行政。同时也要保障检察机关监督权实施的后续监管制度的完善。

### （三）水行政机关暴力执法时有发生

行政执法是行政工作最重要的组成部分。近年来，随着"依法行政"在全国各级行政机关的贯彻落实，我国法治政府建设已取得了一定成效。但是在行政执法中也有一些不和谐的因素，在我国水行政执法实践中特别是水行政机关对违法相对人实施行政强制措施或者强制执行时，一些执法人员会使用简单粗暴的方式进行执法。例如，当水行政主管部门发现相对人实施水事违法行为，需要对其涉案财物予以扣押时，往往会使用暴力的手段达到目的。这种"暴力执法"不仅会使行政相对人的合法权利受到侵害，也与我国大力推崇的构建和谐社会的目标相违背。无论是行政强制措施还是强制执行，都是为了提高行政效率，保证行政行为的内容和目的及时实现。但是这种激化行政机关和相对人矛盾的"暴力执法"会让一个水事违法行为进入复议或者诉讼程序，反而会降低行政效率。究其原因，与我国水行政机关拥有较大的行政强制权力且缺乏有效的监督和制约密不可分。这样一来，水行政机关就会为了实现自身的利益而作出损害相对人合法权益的行为。

### 三、完善水行政强制制度的建议

### （一）完善水行政执法主体的机构设置

从上文可得知，《行政强制法》规定的行政强制措施权只能由行政机关来行使且不得委托，因此，各级水政监察队伍等无权行使这一权利，从而造成各级水政监察队伍在执法实践中无法应用行政强制措施维护正常水事秩序，给实际执法工作带来一定困难。如果不能有效行使行政强制措施，那么也就不能及时制止违法行为的发生。因此，应当尽快对从事执法活动的各级水政监察队伍重新定位，将其纳入公务员序列，为维护正常的水事秩序服务。主要有如下两种方法：①由水利部统一设置各级水行政监察队伍，并将其纳入行政序列，统一行使水行政执法权，不受地方因素干扰；②由各省协调各级人事部门，将各级水政监察队伍纳入行政序列，从根本上解决水政监察队伍无权行使行政强制措施的尴尬境地。

**（二）完善内部监督与外部监督相结合的监管方式**

行政机关内部要严格坚持依法行政，上级水行政机关处理下级水行政机关的不当执法案件时，要坚决杜绝"护短"或者"迁就"的行为。由于上下级间的监督是我国行政机关的内部监督方式，这样的监督存在着监督主体和监督对象不明确的特点，从而会影响到监督效果。因此，也可以设立一个监督机构，将行政执法部门与行政监督部门进行分离，独立于执法部门，监督的效果也将会更加明显。

外部监督最主要的也就是检察机关的监督。检察机关需要明确监督介入的时间，即检察机关应当按照强制措施案件的具体情况，明确在该强制措施中公民合法权益或者社会公益是否受到侵害以及侵害所达到的程度后，有针对性和时效性地进行监督。如果在明确具体情形之前盲目或者贸然地介入到行政强制措施的实施过程中去，有可能影响行政强制主体依法履行管理社会秩序的职责。此外，水行政机关的内部监督应当在检察机关介入之前，充分发挥水行政机关的主动权，尽可能自行纠正并解决自身行政行为中出现的问题，检察机关在开展检察监督的过程中，要减少对行政强制措施实施的干预，以保证其监督的精准性与必要性。

**（三）转变执法理念，加强法制宣传**

《行政强制法》的实施，赋予执法者行政强制权的同时又施加了责任，对非执法者来说则既是威慑又是保障。这就要求水行政机关要转变执法理念：首先，水行政执法机关要牢记以公共利益为执法目标的理念；其次，水行政执法机关必须有双重考量，一方面要将维护公共利益作为最终的目标，但另一方面也不能仅为公共利益而牺牲公民个人的合法权益，这就要求执法机关在两种权益发生冲突时要进行权衡。水行政执法机关在转变执法理念的同时，也要加大宣传力度，让《水法》《行政强制法》等法律法规深入民心，使广大人民群众自觉学法、用法、遵守各项法律规定，营造一个良好的执法氛围和法治环境。

# 第四节　水行政日常监管巡查制度

水行政日常监管巡查制度是各级水政监察队伍的一项最基本的制度。建立这项制度，对预防、遏制水事违法行为，贯彻以人为本、维护社会和谐稳定具有十分重要的意义。2019 年 12 月 31 日，水利部印发《河湖管理监督检查办法》（试行）（以下简称《办法》），其中第一条规定："为规范河湖监督检查工作，督促各级河长湖长和河湖管理有关部门履职尽责，全面强化河湖管理，持续改善河湖面貌，依据法律法规及有关规定，制定本办法。"《办法》的出台为日常监管巡查制度明确了目标、指明了方向，有利于日常监管巡查制度的落实。

**一、水行政日常监管巡查制度概述**

**（一）水行政日常监管巡查制度的概念**

水行政日常监管巡查制度是指水行政执法机构在其管辖领域内，安排本部门的执法人员或委托相关方，实施日常监督管理活动，以实现事先预防、事中和事后及时发现并处理水事违法行为的制度。水行政日常监管巡查制度通常按照属地管理原则，由当地水行政主管部门开展辖区内河道沿线水域的监管巡查。例如，《安仁县河道日常监管巡查制度》第三条规定：河道日常监管巡查按照属地管理原则，由当地水行政主管部门开展辖区内河道沿线水域的日常监管巡查。通过日常监管巡查这样一个手段，一方面可以通过科技手段（比如摄像、拍照等）了解和记录水事领域的基本情况；另一方面，可以直接获得一手证据或材料，在事实清楚、证据充分的基础上采取合法且合理的行政行为。在日常监管巡查过程中，水行政执法主体将立法应用于解决实践问题，可以通过实践发现立法或理论存在的一些不完善之处，进而提出修改完善的建议，进而使水行政主体的实践经验得到了丰富，立法与理论也得到了不断的完善。日常监管巡查制度能否得到切实落实，也离不开经验与知识丰富的巡查人员，因此，通过日常监管巡查可以丰富工作人员的实践经验，再辅以一定的定期培训丰富其理论知识，进而培养理论与实践经验兼具的水行政日常监管巡查队伍。

**（二）水行政日常监管巡查制度的依据**

建立巡查制度依据党中央、全国人大、国务院高度重视包括执法巡查制度在内的执法制度建设，在一系列文件报告和法律、法规中，对建立健全执法制度、规范执法行为提出了明确要求，水利部发布的《水政监察工作章程》（水利部令第 13 号）也专门设有"水政监察制度"一章，对建立健全水政监察巡查等制度做出了规定，为各级水政监察队伍建章立制提供了依据。

（1）党中央关于执法制度建设的规定。党的十七大报告中指出："完善制约和监督机制，保证人民赋予的权力始终用来为人民谋利益。确保权力正确行使，必须让权力在阳光下运行。要坚持用制度管权、管事、管人，建立健全决策权、执行权、监督权既相互制约又相互协调的权力结构和运行机制"，这是党中央从国家战略全局和长远发展出发，对执法制度建设提出的明确要求。

（2）全国人大关于执法制度建设的规定。《中华人民共和国行政处罚法》第五条规定，"实施行政处罚，纠正违法行为，应当坚持处罚与教育相结合，教育公民、法人或者其他组织自觉守法"，行政执法的目的不是处罚，而是教育当事人自觉守法。因此，《中华人民共和国行政处罚法》的立法宗旨之一就是保护公民、法人和其他组织的合法权益。而执法巡查制度，则是教育当事人自觉守法、预防违法的重要措施。

（3）国务院关于执法制度建设的规定。2004 年 3 月，国务院发出《关于印发全面推进依法行政实施纲要的通知》（国发〔2004〕10 号），提出了"高效、便捷、成本低廉的防范、化解社会矛盾的机制基本形成，社会矛盾得到有效防范和化解"等 7 个方面的法治政府目标。建立并认真执行执法巡查制度，对实现这一目标至关重要。

（4）水利部关于执法制度建设的规定。《水政监察工作章程》（水利部令第 13 号）第二十条规定："水政监察队伍应当建立和完善执法责任分解制度、水政监察巡查制度……等水政监察工作制度"，水政监察巡查制度是各级水政监察队伍的一项最基本的制度，建立这项制度，对预防、遏制水事违法行为，贯彻以人为本、维护社会和谐稳定具有十分重要的意义。

### （三）水行政日常监管巡查的内容

从相关水法律、法规和规范性文件的规定来看，水行政日常监管巡查一般具有严格的地域限制，即水行政执法机构只能够在自己所管辖的地域内实施日常监管巡查。管辖的具体内容涉及面较广，主要包括相对人在管辖区域内进行违法建设、超越许可内容实施违法行为或实施的行为严重损害水功能、危害水资源安全、危害公共安全以及危害水工程的违法行为等。《办法》第七条规定，监督检查内容主要包括河湖形象面貌及影响河湖功能的问题、河湖管理情况、河长制湖长制工作情况、河湖问题整改落实情况等。水利部根据河湖管理及河长制湖长制工作进展情况，确定水利部组织的监督检查年度重点。这表明，监管巡查的重点并非一成不变，而是根据形势审时度势，确定具体的各阶段监管巡查重点。

《办法》第八条对监督检查的重点之一河湖形象面貌及影响河湖功能的问题进行了总结，主要包括乱占、乱采、乱堆、乱建等涉河湖违法违规问题：①"乱占"问题。围垦湖泊；未依法经省级以上人民政府批准围垦河道；非法侵占水域、滩地；种植阻碍行洪的林木及高秆作物。②"乱采"问题。未经许可在河道管理范围内采砂，不按许可要求采砂，在禁采区、禁采期采砂；未经批准在河道管理范围内取土。③"乱堆"问题。河湖管理范围内乱扔乱堆垃圾；倾倒、填埋、储存、堆放固体废物；弃置、堆放阻碍行洪的物体。④"乱建"问题。水域岸线长期占而不用、多占少用、滥占滥用；未经许可和不按许可要求建设涉河项目；河道管理范围内修建阻碍行洪的建筑物、构筑物。⑤其他有关问题。未经许可设置排污口；向河湖超标或直接排放污水；在河湖管理范围内清洗装储过油类或者有毒污染物的车辆、容器；河湖水体出现黑臭现象；其他影响防洪安全、河势稳定及水环境、水生态的问题。

《办法》第九条对监督检查需要关注的河湖管理情况进行了规定，内容主要包括：①河湖管理制度建立及执行情况，主要包括日常巡查维护制度、监督检查制度、涉河建设项目审批管理制度、河道采砂审批管理制度等；②水域岸线保护利用情况，主要包括涉河建设项目审批管理是否规范，涉河建设项目监督检查是否到位；③河道采砂管理情况，主要包括采砂管理责任制是否落实，河道采砂许可是否规范，采砂现场监管是否到位，堆砂场设置是否符合要求；④河湖管理基础工作情况，主要包括河湖管理范围划定、水域岸线保护利用规划、采砂管理规划、河湖管理信息化建设等；⑤河湖管理保护相关专项行动开展情况，涉河湖违法违规行为执法打击情况；⑥河湖管理维护及监督检查经费保障情况；⑦其他河湖管理情况。

监督检查发现问题之后，需要由河长办牵头，具体问题具体分析，对存在的问题进行统筹协调解决，对进一步的具体工作进行部署和落实。《办法》第十条对河长制湖长制的工作情况进行了规定，主要包括：①河长制湖长制工作年度部署情况；②河长湖长巡河（湖）调研、检查及发现问题处置情况；③河长湖长牵头组织对侵占河道、围垦湖泊、超标排污、非法采砂、破坏航道、电毒炸鱼等突出问题依法进行清理整治情况；④河长湖长协调解决河湖管理保护重大问题情况，明晰跨行政区域河湖管理责任，协调上下游、左右岸实行联防联控机制情况；部门协调联动和社会参与河长制湖长制工作情况；⑤县级及以上河长湖长组织对相关部门和下一级河长湖长履职情况进行督导考核及激励问责情况；

⑥河长湖长组织体系情况，河长湖长公示牌设立情况；河长制办公室日常管理工作情况，组织、协调、分办、督办等职责落实情况；⑦出台并落实河长制湖长制政策措施及相关工作制度情况；"一河（湖）一档"建立情况，"一河（湖）一策"编制及实施情况，河长制湖长制管理信息系统建设运行情况；⑧其他河长制湖长制工作情况。

《办法》第十一条对河湖问题整改情况的监管巡查制度进行了规定，包括：①党中央、国务院交办水利部或地方查处的河湖问题整改情况；②水利部或地方党委政府领导批示查处的河湖问题整改情况；③历次监督检查发现的河湖问题整改情况；④媒体曝光的河湖问题整改情况；⑤公众信访、举报的河湖问题整改情况；⑥其他涉河湖问题整改情况。

《安仁县河道日常监管巡查制度》第四条规定了河道日常监管巡查应该包括的内容：①侵占、毁坏堤防、护岸、水文监测等有关设施，在堤防管理范围内建房、取土、垦殖、埋坟等现象；②擅自在行洪河道内设置拦河阻碍物，在河库管理范围内堆放、弃置垃圾、弃渣、砂石等影响行洪或危及堤防安全的现象；③在河库管理范围内非法采砂、取土（石）等现象；④涉河建设工程项目、洲滩开发利用项目、占用水域项目；⑤未经批准擅自新建、改建、扩大排污口，或违反水功能区划要求的建设项目，或非法凿井取用地下水、擅自取水、更换计量设施等违反水资源管理和保护等现象；⑥开发建设项目未按规定制定水土保持方案，或未落实"三同时"制度，擅自开工建设、采矿、弃土、弃渣等现象；⑦河道内是否出现成片漂浮物（浮萍、水草、垃圾等）现象。

《浙江省水行政许可监督检查和水政监察巡查办法》第十七条对水政监察巡查的重点内容进行了规定：①在水工程管理及保护范围内从事爆破、打井、采石、取土等危害水工程安全的行为；②侵占水工程设施及其管理范围，侵占已批准的水工程规划控制线范围，侵占蓄滞洪区范围，损毁防汛、水文、水土保持、水利工程等设施的行为；③在河道管理范围内从事采砂、取水、设置拦河障碍物，向河道、湖泊倾倒废土、垃圾、排放泥浆等行为；④正在实施的涉河（包括跨河、穿河、临河、穿堤）建设项目；⑤擅自设置或扩大入河排污口以及重点排污单位的排污情况；⑥取水口的设置或扩大，取水计量设施的安装及运行情况；⑦开发建设项目水土保持设施"三同时"制度的落实情况；⑧破坏饮水安全，在饮用水源地保护区设置排污口或其他可能影响饮用水安全的行为；⑨相关水利规划的实施情况；⑩水事纠纷的争议标的；⑪其他属于水政监察职责范围的情形。

虽然《办法》的内容是从监督检查的角度去制定的，但是监督检查的内容便是我们日常监管巡查的重点内容。因为日常监管巡查工作做得好，才能够顺利通过监督检查。如果日常监管巡查工作做得不好，那么在监督检查中必然会出现问题，相关主体要承担相应的责任。通过将《办法》规定的重点内容与地方规定的内容进行比较，可以发现针对监管巡查的具体内容，《办法》规定的内容要广于地方规定的内容。《办法》的内容全面，重点突出，凸显了河长办在日常监管巡查制度中的作用，并对监管巡查设置了严密的责任落实制度，而地方性的规定表现不佳。造成这种情形的原因在于，《办法》出台于2019年年末，地方性的规定早于《办法》的出台，也未能来得及出台新的规定或对原有规定进行修改。但是，随着时间的推移，各地将依据《办法》陆续出台适合本地实际情况的河湖监督检查的具体办法或实施细则。

### （四）水行政日常监管巡查的方式与程序

日常监管巡查强调的是事先预防违法行为的发生，但是想要实现这个目标，就必须建立严密的巡查制度，以尽早发现违法行为发生的征兆或迹象，及时遏制违法行为。基于此，需要对日常监管巡查的方式和程序进行缜密设计。在日常监管巡查的方式方面，《浙江省水行政许可监督检查和水政监察巡查办法》第十八条提出了建立健全基层巡查网络的方式，充分发挥了水政监察中队和乡镇、村水政协管员的作用，做到巡查的覆盖面全、时效高。第十九条规定了月度巡查计划和年度巡查计划，确定了巡查的内容、范围、时段、频次和责任人员等。第二十条提出要充分利用科技手段，来获取证据，提高效率。第二十二条提出了建立健全纵向、横向、区域之间联合巡查制度。

在日常监管巡查的程序方面，《浙江省水行政许可监督检查和水政监察巡查办法》第二十三条规定，巡查活动必须要有两名以上水政监察人员，统一标志，持证上岗，并严格巡查纪律，规范巡查行为，提高服务意识和文明执法意识。第二十四条对巡查活动实行实时记录制度，参加巡查的水政监察人员应按照《浙江省水政监察巡查记录表》的要求，每次巡查必须有详细的方案记录及现场照片，经巡查人员和机构负责人签名后，录入电子文档备案。涉及省级重点监察区或者省级许可项目的巡查记录，应将巡查记录报省水政监察总队备案，省水政监察总队将不定期组织开展检查。《安仁县河道日常监管巡查制度》第五条规定：河道日常监管巡查一般不得少于2人。河道巡查过程中，发现有涉黑涉恶线索的，应及时向当地有关部门反映，并按照《安仁县水利行业涉黑涉恶线索管理制度》报上级水行政主管部门备案。第六条规定：河道日常监管巡查实行登记制度，巡查人员应及时详细填写河道日常监管巡查记录，做到巡有记录，查有依据，巡河台账完整。水行政日常监管巡查程序是为了贯彻落实有法必依，执法必严的要求，有利于提升水行政日常监管巡查的效率，推进我国的法治政府建设。

### （五）水行政日常监管巡查发现问题的处理与工作考核

设立日常监管巡查的目的就是为了及时发现问题及时处理，那么，在发现问题之后，应该如何处理？《浙江省水行政许可监督检查和水政监察巡查办法》第二十五条规定，如果发现重大水事纠纷和水事违法案件应及时逐级上报至省水政监察总队，主要包括：①发生10人以上因水事纠纷引起的群体性械斗事件；②发生跨县级以上行政区域，且对社会稳定造成较大影响的水事纠纷；③毁损重点水工程、非法占用重要水域面积3000平方米以上；④擅自取用地表水日取水量在1万立方米以上、擅自取用地下水日取水量在1000立方米以上、擅自在大中型水库中取水、擅自在地下水超采区、禁采区取用地下水；⑤未编报水土保持方案或水土保持方案未经审批即开工建设且涉及破坏水土保持植被在1000平方米以上或者弃渣5000立方米以上；⑥毁坏国家重要防汛、水文监测设施等行为。

工作考核作为一种监督与激励机制必不可少。《办法》第二十四条规定：责任追究对象主要包括涉河湖违法违规单位、组织和个人，河长、湖长，河湖所在地各级有关行业主管部门、河长制办公室、有关管理单位及其工作人员。第二十五条规定了责任追究方式，包括责令整改、警示约谈以及通报批评。《浙江省水行政许可监督检查和水政监察巡查办法》二十六条规定：水行政许可监督检查和水政监察巡查工作应当纳入年度考核，对水行政许可监督检查或水政监察巡查工作不力，造成重大影响的，追究有关责任单位和个人的法律责任；对在工作中成绩突出的单位和个人，应当给予表彰或奖励。《安仁县河道日常监管巡查制度》第八条规定：河道日常监管巡查纳入全市河长制工作重要内容，各地实施情况纳入年度考核范围。

### 二、水行政日常监管巡查制度存在的问题分析

1989 年水利部发出《关于建立水利执法体系的通知》，特别是 1995 年发出《关于加强水政监察规范化建设的通知》以来，各级水行政主管部门特别重视日常监管巡查制度的建设，通过实施此制度，将对违法行为的处理时间提前，类似于实行预警制度，有效预防和遏制了一些潜在的水事违法行为的发生，取得了一定程度的效果。但日常监管巡查制度的建设也存在几方面的不足，例如巡查覆盖面不广、巡查不够仔细、巡查工作支持力度不够、巡查工作人员理论与技能水平不高等原因，导致巡查的实效降低，未能及时发现潜在的或处于萌芽中的水事违法行为，从而导致水行政主管部门错过了最佳的处理时机，增加了执法难度，浪费了执法成本，而违法行为本身会造成损害行为的发生、影响对公共利益的保护，影响社会的和谐与稳定。日常监管巡查制度在实效方面大打折扣，造成这一现象既存在客观方面的原因，也存在主观方面的原因。

#### （一）人力不足影响监管巡查实效

人手不足属于客观方面的因素。日常监管巡查涉及范围广、工作强度大，强调的是广度与密度兼具，如果没有足够的人力来保证，那么必然会对监管巡查工作产生根本性的影响。因此，日常监管巡查制度的实施离不开充足的人力支持。但是在我国，由于多方面的原因如编制人数少、经费不充足、部门无优势等，日常监管巡查工作人员普遍存在工作人员人手不足的情况。一些地方的日常监管巡查工作人员并非专职水政监察人员，而是由水利部门的内部人员兼任，使得实际在岗的专职工作人员数量较少，单靠几个人的力量去完成如此繁重的日常监管巡查工作是较难实现的。一些地方执法经费严重不足，日常监管巡查的费用没有纳入市财政预算，进而造成了日常监管巡查制度的硬件设施严重不足。人手不足带来的负面影响就是日常监管巡查人员并没有足够的精力去完成监管巡查任务，导致日常监管巡查存在形式主义、走过场的现象，这会严重影响水事执法工作的进行，纵容违法行为的发生，最终影响社会公共利益与社会的和谐稳定。

#### （二）认识不深导致形式主义盛行

认识不深在很大程度上归属于主观方面的因素。认识不深主要存在于两个方面。一方面，水行政主管部门领导认识不深，意识不到日常监管巡查制度的重要性，在选人方面更多地侧重于水利知识或思想政治，而忽略了较为重要的法律专业知识，使得重建设轻管理思想日益占据优势地位，过度重视经济效益，忽视了水行政主管部门应该履行的重要职能，不重视日常监管巡查工作，无法意识到可以利用自身的优势去提前发现水事违法行为并制止，水政监察队伍建设滞后，这必然影响日常监管巡查制度的落实。另一方面，日常监管巡查人员可能习惯于"守株待兔"，并不切实履行日常巡查职责，通过监管巡查发现水事违法行为的主动性欠缺，存在形式主义、走过场的现象。工作人员的责任心和执法意识发生了问题，导致工作态度不积极，监管巡查不够自觉，检查不细致，为了应付工作与领导检查而偷工减料，甚至完全放弃日常监管巡查。两个方面的认识不足，使得日常监管巡查制度被残酷"抛弃"，根本无法发挥日常监管巡查制度应有的功效。

### （三）执法不力导致执法成本骤增

执法不力是主观方面与客观方面兼具的因素。日常巡查工作巡查范围广、频率高、工作强度大，要善于观察，发现细节，这些客观因素直接制约了日常监管巡查工作的顺利开展。主观方面，监管巡查工作人员的法律意识与责任意识欠缺，怠于履行职责，不严格执法，纵容违法行为的发生。例如因监管巡查不够细致，未能及时发现当事人从事的违法建设，没有能够在黄金时间制止违法行为，导致违法建筑建成，处理难度骤增且极其棘手，引发一连串不利后果的发生。执法不力可能会影响社会的和谐稳定。因为新增的违章建筑的当事人投入较大，水行政主管部门未能在建设初期及时发现，导致违章建筑建成。虽然行政部门可以自行或申请法院对违章建筑进行强制拆除，但拆除行为势必会引起当事人的强烈反对，进而可能会引发激烈的冲突，影响社会的和谐与稳定。执法不力可能会损害社会公共利益。违章建筑的建成势必会影响行洪，影响人民群众的生命财产安全。违章建筑一旦形成，又不能及时强制拆除，对公共安全形成了一定程度的威胁。执法不力会增加执法成本。在违章建筑未建成之前，及时制止当事人，并要求其拆除。这能够在最大程度上节约执法成本。而如果违章建筑一旦形成，行政机关需要对违章建筑采取一系列的行政行为和措施如强制拆除，来消除违章建筑的影响，这必然会大幅增加我们的执法成本。执法不力会使得行政主体疲于应对。当事人建设违章建筑并不是一蹴而就的，主要的问题在于监管巡查工作未做到位，行政主体亦存在一定的主观过错。如果当事人针对行政行为提起行政复议或行政诉讼，那么水行政主管部门就需要耗费人力、财力和物力去积极应对。

### 三、水行政日常监管巡查制度的完善对策

孟子云："徒法不足以自行。"一部法律制定得不管有多完美，一项制度规定得不管有多完善，最终需要落实到执行上来，也就是法律与制度的完美延续需要靠执行来实现，如果执行跟不上节奏，就会在很大程度上影响法律制度的施行与实效。因此，针对水行政日常监管巡查制度存在的问题，可以从以下几个方面进行完善。

### （一）强化日常监管巡查队伍建设

良好制度的施行需要配备一支高水平、高素质和具备优良作风的专职队伍，加强日常监管巡查队伍建设是水行政执法的根本与保障。水行政主管部门需要通过强化内部管理，在引进人才方面、人才继续教育方面重视专业人才的引进与培养，不断提高水政监察工作人员中日常监管巡查队伍的整体素质与水平。在引进人才时，要严格进行考核、选拔和任命，择优选择，选择同时具备法律专业知识和水利管理专业知识、具有责任心与事业心、热爱水政工作的优秀人才进入日常监管巡查队伍。与此同时，对日常监管巡查队伍的考核机制也要同时建立，通过评优、奖罚等激励机制来激发日常监管巡查队伍的工作积极性。通过对年度和工作量进行量化考核，以此作为评优和晋升的直接依据，增强工作人员的责任心、荣誉感与获得感，激励他们去用心巡查、用心办案。对现有的日常监管巡查工作人员亦需要通过继续教育提升他们的理论与实践水平，如通过进修或定期培训为他们提供学习和自我提升的机会。法律是不断更新和变化的，实践随着法律的更新也需要做出变化，例如2019年年底水利部颁行了《办法》。日常监管巡查工作人员想确保各项工作有法可依、有法必依，就必须具备最新的法律知识。因此，通过培训能够使工作人员及时获取最新的法律知识，提高他们的法律知识水平，使得他们能够依法行政。

**（二）端正日常监管巡查工作人员的执法理念**

日常监管巡查工作人员要意识到日常监管巡查工作的特殊性与重要性，切实转变执法理念。日常监管巡查的重要目的之一就是将水事违法的处理时间前移，重视事先预防，在"黄金时间"发现水事违法行为，并及时予以查处和执行，真正做到事先预防、事中与事后及时处理的统一，体现制度的优越性与真正的以人为本、执法为民。一些错误的执法理念需要摒弃，例如故意设计执法陷阱或钓鱼执法，为了追求"创收"而不择手段，这种行为是对法律的亵渎，本身就是一种违法行为，增加了执法成本，严重影响了政府的形象。对于这些错误的执法理念我们必须坚决摒弃，我们日常监管巡查追求的是发现处于萌芽状态的违法行为，并将其扼杀在萌芽状态，一方面可以降低相对人的违法成本，另一方面也降低了行政主体的执法成本，降低了激化矛盾的可能性，促进了社会的和谐稳定发展，维护了公共利益，最终也提升了水利部门的良好形象。日常监管巡查人员可以从以下三个方面强化执法理念。

（1）要本着相对人能够诚信守法的理念。执法者不能够先入为主，对相对人存在执法偏见。在执法过程中心中默认为相对人就是潜在的违法者，这种理念十分不利于执法的正常进行。反而会激化矛盾，不利于问题的解决，最终影响执法的实效。日常监管巡查人员要信任相对人都是守法且诚信的公民，在执法过程中柔性执法，积极采用协商的手段去沟通和化解纠纷，赢得相对人的信任和肯定，从根本上提升执法的实效。

（2）要贯彻合理使用裁量权的理念。《行政处罚法》第五条规定"实施行政处罚，纠正违法行为，应当坚持处罚与教育相结合，教育公民、法人或者其他组织自觉守法"，第二十七条第二款规定"违法行为轻微并及时纠正，没有造成危害后果的，不予行政处罚"。行政主体在实施行政行为时，要充分考虑相对人违法行为的性质与情节，尽量做到行政行为不仅合法而且合理，根据具体案件的不同情形采取适当的行为，处罚与教育相结合，严格贯彻适当性、必要性和均衡性，合理使用自有裁量权来化解纠纷，降低行政复议率和行政诉讼率，减少行政成本的支出。

（3）要贯彻维护公共利益的理念。行政主体实施管理行为是为了维护公共利益，水行政日常监管巡查制度也不例外。工作人员在执法过程中，需要掌握保护相对人合法权益与保护公共利益之间的平衡。不能够顾此失彼，要侧重于公共利益的维护，但也不能忽视相对人合法权益的保护，在具体的案件过程中把握两者之间的均衡尤为重要。

**（三）明确日常监管巡查的具体措施**

1. 巡查方式

日常监管巡查可分为例行巡查与重点巡查相结合、现场巡查与实时监控相结合的方式，积极运用现代技术对河湖进行全方位动态监管。例行巡查与重点巡查的具体范围可由各级水政监察队伍根据本地水域及水工程等的分布情况及重要性分别确定；

2. 分级负责

各级水政监察队伍负责本辖区范围内水资源、湖泊、河道、水域、水工程、水土保持生态环境、防汛抗旱水文监测设施的日常监管巡查，对下级水政监察队伍的巡查进行监督与抽查；同时分河分段落实乡镇、村组行政管理责任人、日常巡护责任人，建立河湖日常管护和巡查责任机制，层层签订责任书，对河湖实行网格化管理；

3. 巡查内容

水质保护巡查，河湖（库）水域岸线巡查，水污染防治巡查，水环境保护巡查，水生态安全巡查，其他有关污染河湖水质、破坏水环境、影响防洪、通航、供水、生态安全等水事违法行为；

4. 巡查次数

巡查频次及方案可以由各级河长根据实际情况来确定。市级水政监察支队对本辖区重点水工程或重点部位和易发案部位的巡查每月不少于1次；县级水政监察队伍日常巡查每月不得少于1次；各级水利工程管理单位的水政监察队伍一般应每天开展巡查，特殊情况下日常巡查每周应不少于2次。

5. 巡查记录

河湖（库）巡查一般不得少于2人。日常监管巡查实行登记制度，巡查人员应及时详细填写河道日常监管巡查记录，做到巡有记录，查有依据，巡河台账完整。

6. 处理

日常巡查人员对在巡查过程中发现的问题，应分别不同情况予以处理：对处于萌芽状态的水事违法行为，应有针对性地开展水法规宣传教育；对正在发生的水事违法行为，应书面责令其立即停止水事违法行为；对情况紧急，案情重大的，应立即报告。受委托的水工程管理单位在巡查中发现水事违法行为，应立即制止，及时向有管辖权的水行政主管部门报告，并协助调查处理。

**（四）强化监督机制与严格责任追究**

水政监察队伍中从事水行政日常监管巡查制度的工作人员是接受水行政主管部门委托，对河湖进行日常巡查，工作人员对各自负责的领域要做到巡查到位，无时限死角。对于巡查过程中发现的水事违法行为，可以水行政主管部门的名义实施行政处罚。如果日常监管巡查工作人员不按照要求进行日常巡查，发现水事违法行为后不按照法定程序执法，甚至是越权执法，那么水行政主管部门将会因日常监管巡查人员的违法或不当行为承担相应的法律责任，增加了行政成本，给水行政主管部门的声誉造成了负面影响。因此，强化监督机制和严格责任追究确有必要。建立和完善执法责任追究制度，对违反日常监管巡查制度，不按要求组织巡查，或在巡查过程中不负责任、漏查漏报或隐瞒不报，或不按规定处理，或徇私舞弊、滥用职权等造成不良后果的，按水政监察责任制有关规定追究其责任。随着行政执法责任制的日益完善，各级水行政主体需要建立错案追究和全过程追踪记录制度。责任制的确立是要求日常监管巡查工作人员采取的行政行为既要具备实体法的依据，亦要符合程序法的规定，积极提升依法行政水平，预防和减少水行政执法过程中错案的发生，保护相对人的合法权益，降低行政机关的违法成本。

**【教学案例 5－1 解析】**

许某和王某的行为不合法。《行政许可法》第九条规定"除法律、法规规定可以转让的外，不得转让"。《河道管理条例》没有规定可以转让，所以许某和王某在本案中的行为是不合法的。

县水利局不予认可许某和王某私下许可证件的交易行为，在责令王某停止采砂行为的同时，可以要求王某另行申请；如果具备其他许可条件，也可以要求许某和王某履行许可变更手续。但县水利局不能对许某和王某的行为进行罚款。因为法律、法规对这种行为没有规定可以处罚。

**【教学案例 5－2 解析】**

本案中，检察机关针对水利局怠于履职行为，依法提出检察建议，促使河道违法建筑物被拆除，保障了行洪、泄洪安全，保护了当地人民群众的生命财产安全。检察机关经调查发现，肖某在河道内违法建设的行为持续多年，违反了国家河道管理规定，违法建筑物严重影响行洪、防洪安全。水利局和法院对违法建筑物未被强制拆除的原因则各执一词。法院认为，对违反水法的建筑物，水利局是法律明确授予强制执行权的行政机关，法院不能作为该案强制执行主体。但水利局认为，其没有强制执行手段，应当由法院强制执行。

根据《中华人民共和国水法》第六十五条第 1 款规定，"在河道管理范围内建设妨碍行洪的建筑物、构筑物，或者从事影响河势稳定、危害河岸堤防安全和其他妨碍河道行洪的活动的，由县级以上人民政府水行政主管部门或者流域管理机构依据职权，责令停止违法行为，限期拆除违法建筑物、构筑物，恢复原状；逾期不拆除、不恢复原状的，强行拆除……"根据上述规定，对河道管理范围内妨碍行洪的建筑物、构筑物，水行政主管部门具有直接强行拆除的权利。检察机关审查认为：法律没有赋予水利局采取查封、扣押、冻结、划拨财产等强制执行措施的权利，对于不缴纳罚款的，水利局可以向法院申请强制执行；但根据行政强制法和水法等相关规定，水利局对于河道违法建筑物具有强行拆除的权利，不应当向法院申请强制执行。因此，水利局向法院申请执行行政处罚决定中的拆除违法建筑物部分，法院不应当受理而受理并裁定准予执行，违反法律规定。县人民检察院于 2017 年 5 月向县水利局提出检察建议，建议其依法强制拆除违法建筑物；同年 8 月向县人民法院提出检察建议，建议其依法履职、规范行政非诉执行案件受理等工作。县水利局收到检察建议后，立即向当地党委政府报告。在县委、县政府的大力支持下，河道违法建筑物被依法拆除。县人民法院收到检察建议后，回复表示今后要加强案件审查，对行政机关具有强制执行权而向法院申请强制执行的案件裁定不予受理。

**【思考题】**

5－1　简述水行政日常监管巡查的内容、程序和具体措施。

5－2　简述四项水行政许可种类。

5－3　简述水行政强制措施和水行政强制执行的概念。

5－4　简述水行政强制的特征。

5－5　简述水行政强制措施的一般程序。

# 第六章

# 河（湖）长制执法监管的监督

**【教学案例 6－1】**

2017 年至 2018 年 5 月，荆门生态运动公园景观河被发现存在生活垃圾、建筑垃圾和生活污水直接排入的污染问题，景观河水质浑浊，浮层有油污并伴有臭气。该河始于万达广场，南终于公园沙滩，最终汇入凤凰湖湿地公园，属于龙泉河的一部分，景观河设有亲水平台和露天游泳区。荆门市掇刀区检察院认为，漳河新区农业水利局对龙泉河水资源保护和水污染防治负有监管职责，但该局未认真履职，未依法对水资源的保护及水污染的防治实施监督管理。2018 年 5 月 7 日，掇刀区检察院向漳河农业水利局发出检察建议，建议该局依法履行监管职责，并采取有效措施对龙泉河水污染进行治理。农业水利局在排查后，向检察院回复称其未能在该区域找到明确的污染源。而后检察院在实地调查中发现，仍存在可查的较为明显的污染河流情况，掇刀区人民检察院遂因认为荆门市漳河新区农业水利局未履行监督管理法定职责，于 2019 年 8 月 26 日向法院提起行政公益诉讼。

法院在审理过程中，对景观河乃至龙泉河的污染状况在荆门市人民政府和漳河新区管委会的专项整治下，以及在被告农业水利局及其他相关行政机关的齐抓共管下正在不断缓解、逐步好转的情况予以肯定。但同时认为，漳河新区农业水利局作为水行政主管部门，未核定生态运动公园景观河流域的纳污能力，没有向环保部门提出该水域的限制排污总量意见，未对河水水质进行监测，未及时报告人民政府采取治理措施，是导致该景观河污染的原因之一。

因此，法院判决责令荆门市漳河新区农业水利局继续采取有效措施对生态运动公园景观河（龙泉河）水污染防治依法履行监督管理职责。

**【问题】** 本案例中涉及的河长制执法监管的监督形式有哪些？

**【教学案例 6－2】**

广水市人民检察院在履行职责过程中发现，随县神农路桥养建有限公司违法建设构筑物、破坏河堤，而广水市水利和湖泊局不依法履行监管职责，致使生态环境遭受破坏，遂于 2019 年 5 月 8 日向广水市水利和湖泊局发出《检察建议书》，建议广水市水利和湖泊局依法履行监督管理职责，责令随县神农路桥养建有限公司拆除其在广水河中的违法构筑物，修复被破坏的河堤，恢复河道原貌，维护国家和社会公共利益。5 月 20 日，广水市水利和湖泊局向广水市人民检察院书面回复称已责令违法行为人 7 日内拆除违法构筑物，修复被破坏的河堤，恢复河道原貌，确保问题全面彻底整改到位。5 月 22 日，广水市人民检察院对整改情况进行了回访调查，经现场勘查发现广水河土××段河中拦水坝中间部分已拆除，但并未完全拆除，拆除的土石堆积在广水河河堤上；现场有大量沙石堆放在广水河西侧河堤上；广水河西侧河堤仍被挖出一宽约 30 米、长约 50 米、深约 3 米的大坑。因此，检察院认为广水市水利和湖泊局未依法履行监督管理职责，导致随县神农路桥养建有限公司构筑的拦水坝仍然存在，被破坏的河堤未予恢复，河岸处于继续崩塌的危险状态，国家和社会公共利益处于持续受侵害状态。遂向法院提起公益诉讼。

　　法院经审理认为，广水市水利和湖泊局在收到广水市人民检察院的检察建议后，及时向违法行为人随县神农路桥养建有限公司下达了《限期拆除通知书》，要求加快问题整改，拆除广水河中的违法构筑物，修复被破坏的河堤，恢复河道原貌，确保问题全面彻底地整改到位。另外，在广水市人民检察院向本院提起行政公益诉讼后，被告广水市水利和湖泊局积极依法履职尽责，督办协调违法行为人随县神农路桥养建有限公司拆除了在广水河土××段河中修筑的拦水坝，广水河土××段堆积的土石已清除，西侧被挖出的大坑已填平，河道原貌已得到彻底修复，并且在诉讼过程中能积极邀请行政公益诉讼起诉人广水市人民检察院到整改现场指导整改工作，实现其诉讼目的，是值得肯定的。但是法院同时认为，在检察院提起公益诉讼前，被告未及时依法、全面、有效地采取措施恢复河道原貌，影响了周边居民生产、生活，致使国家利益和社会公共利益仍处于持续受侵害的状态。

　　因此，法院确认广水市水利和湖泊局对违法行为人随县神农路桥养建有限公司在工程建设过程中的在广水河中用土石构筑拦水坝、破坏河道行为的监督管理中未依法全面、正确、及时履行监督管理职责的行为违法。

　　【问题】通过对该案例的分析，我们应该如何加强对执法监管的监督？

# 第一节　河（湖）长制执法监管监督概述

## 一、行政执法监管监督的背景

　　河（湖）长制的执法监管实际上属于一种环境监管权，属于一种行政执法❶。随着依

---

　　❶ 2016 年 12 月，中共中央办公厅、国务院办公厅印发了《关于全面推行河长制的意见》，标志着探索近十年的河长制从原来的应急之策上升为国家意志。近年来，流域管理机构水行政执法面临着执法环境复杂、执法边界模糊、执法能力薄弱、水行政执法多以行政处罚为主、震慑力不强等一系列问题，难以切实发挥为流域水事安全保驾护航的作用。"加强执法监管"既是河长制的一项主要任务，也是做好其他任务的重要法治保障，为解决各河流流域保护与管理的突出问题提供了有利契机。通过建立健全以党政领导负责制为核心的河长制责任体系，可以进一步协调整合各方力量，全面改善水行政执法面临的困难和问题，提高依法治水管水能力。河长制执法监管也是一种水行政执法，行政执法也面临着如何监督、如何考核的难题。

法治国基本方略的深入人心，社会对依法行政的呼声也日益高涨，而要在全国真正实现依法行政落地生根，除了借助行政法制、监督机制把行政权力关在法律的笼子内别无他法。

自 1949 年中华人民共和国成立之初，我国的行政法制监督体系就摸着石头过河，在实践中不断探索、总结和完善。同时，为给行政法制监管、反腐倡廉提供相关法律支持，我国先后制定和颁发了一系列法律、法规，诸如《行政诉讼法》《行政复议法》《各级人民代表大会常务委员会监督法》《行政机关公务员处分条例》《政府信息公开条例》等，从而有了现在内部监督和外部监督相结合的从内到外较为全面的行政法制监督体系。

自党的十八大以来，我国对公权力的约束被提到了前所未有的高度，强调要"把权力关进制度的笼子"。党的十九大报告也强调了"切实做到严格规范公正文明执法"。

《关于全面推行河长制的意见》提出，县级及以上河长负责组织对相应河湖的下一级河长进行考核，考核结果作为地方党政领导干部综合考核评价的重要依据。实行生态环境损害责任终身追究制，对造成生态环境损害的，严格按照有关规定追究责任。要求强化对"河长制"进行监督考核。《关于在湖泊实施湖长制的指导意见》中也有相类似的规定。

鼓励、支持建立河湖管理保护信息发布平台，通过主要媒体向社会公告河（湖）长名单，在河湖岸边显著位置竖立河（湖）长公示牌，标明河（湖）长职责、河湖概况、管护目标、监督电话等内容，接受社会监督。聘请社会监督员对河湖管理保护效果进行监督和评价。进一步做好宣传舆论引导，提高全社会对河湖保护工作的责任意识和参与意识，要求加强对行政执法的社会监督。

各省（自治区、直辖市）党委和政府要在每年 1 月底前将上年度贯彻落实情况报党中央、国务院，强化落实责任。

**二、行政执法监管监督的理论基础**

**（一）国外的历史发展**

西方行政执法监督理论最早出现于古希腊时期，如果讨论当时是谁对监督理论的贡献最大则非著名思想家亚里士多德莫属，他在其核心政治学著作《政治学》中谈到政体由三大基本技能——议事、审判和行政构成，这一论述被认为是分权学说的理论基础。与此同时，他认为法律具有至高无上的权威，秩序和法律相伴相生，只有法律好秩序才会好。

18 世纪法国著名的启蒙思想家卢梭在其《社会契约论》一书中首次提出"天赋人权"和"主权在民"的概念，他认为国家的主人应该是人民，呼吁用民主法治代替君主专制，而这也是西方行政法制和行政执法监督理论的奠基石。

马克思、恩格斯指出公社代表和其他官吏要执法为民、治社为民，否则选民有权让其下台，即人民群众能够监督政府权力并有权对违法违纪政府人员进行罢免，此时社会主义民主监督概念已经初见雏形。之后，列宁在对革命实践经验长时间摸索的基础上结合科学理论研究，着手建立了社会主义民主监督体制，并在"十月革命"前夕提出了人民监督的治国理念。列宁坚持只有有效的民主监督才能保证国家机器正常运转。

**（二）国内的历史发展**

在设立任何公共权力的同时都需要针对该公共权力建立相应的监督机制，因为监督是防范公共权力腐败的盔甲和护身符，任何一个政权在成立之初都需要面对如何建立政治清明、管理高效的执政体制这一难题。

解决这一难题，保证新生政权长治久安的关键就是要让人民真正拥有监督权，把政府人员的一言一行均置于人民的监督之下。唯有如此政府才不敢滥用权力，不敢心存侥幸，才会全心全意为人民谋福祉。只有督促每个岗位的政府人员都做好自己的本职工作，政府才不会失去为人民服务的机会。

中共中央自新中国成立伊始就建立了相应的监察机关，但由于 20 世纪六七十年代"文化大革命"破坏活动的冲击，监督机构被架空，监督人员被解散，监督机制无法发挥作用，基本处于瘫痪状态。

而进入 20 世纪 80 年代后，国家通过拨乱反正不但恢复了受冲击的监察机关，而且增加了监督机关的数量和规模，陆续成立了中央纪律检查委员会、审计署和监察部。与此同时，国家不但注重发展学术理论研究，而且不忘对具体实践经验进行不断的摸索总结，这种双管齐下的发展模式无疑有助于切实提高和完善我国行政监督体系。

### 三、行政执法监管监督的概念与特征

行政法学界普遍认为对行政权进行监督制约的制度包含两类：一是行政机关内部对行政权的监督；二是行政机关外部对行政权的监督，即自律监督和他律监督。这两类监督都属于行政法学的研究范畴。

法学界对行政执法监管监督内容理解基本一致，即：①行政机关及其工作人员所开展的行政行为及其他与履行行政职能有关的行为是否合理、合法；②行政执法主体作出相应行政行为所依据的文件是否合法、适当；③制度制定、制度执行、具体行政行为的合法性和适当性等。

"水行政执法的监督❶"属于行政执法的监督体制，与市场行政执法的监督、安全生产监管执法的监督、药品食品执法管理的监督一样，都属于行政执法监督的范畴，"河长制"就是一种水行政执法举措。所谓"水行政执法的监督"是指国家与社会对水行政执法活动的例行检查和督促，并对其违法活动进行检举与矫正的行为。

#### （一）水行政执法监督的内容

（1）监督执法主体的合法性。监督执法主体的合法性，审查其本身是不是法律规定的水行政机关或经由法律法规所授权的组织。

（2）监督该主体的执法权限。水行政执法是否做到有相关的法律条文依据，执法权是否是法定的；否则，就应当被认为是超越了法定权限。

（3）水行政执法过程当中的程序是否合法。比如在执法过程中应该出示相关证件未出示，需听证的未组织听证，处罚时未充分举证即裁决等。

（4）对水行政执法行政行为的合理性进行监督。水行政机关有自由裁量权的行政行为有没有做到合法、合理的裁量；水行政执法行为有没有遵从比例原则，即对违法行为人的处罚行为造成的损害会不会超过应该保护的社会公共利益。

#### （二）水行政执法监督的分类

以监督主体与监督对象是否属于同一系统为标准。水行政执法监督分为内部监督和外

---

❶　传统的水行政执法，专指水行政主管部门实施的行政执法。河长制的任务还包括水污染防治和水环境治理修复。因此，此处的水行政执法，即广义的水行政执法，既包括水行政主体的执法，也包括环境行政部门的执法。有的文章直接称之为"河长制执法监管的监督"，或称之为"河长制行政执法的监督"。

部监督。

内部监督指是在水行政主管部门或流域管理机构内部之间的上下级监督和执法机构内部设置的专门对水执法负有监督职责的机构对水行政执法机构的监督。上下级监督如水利部对省水利厅和七大流域管理机构执法的监督，水政监察总队对水政监察支队的监督，执法机构内部设置的机构（比如水政机关法制机构）对水政监察机构的监督。

外部监督是指国家水行政机构以外的监督主体对地方水利部门或流域管理机构的水行政执法行为的监督。最具代表性的是宪法和诉讼法确立的法院独立审判和检察院行使检察权。

外部监督还应包含社会监督，可以具体划分为新闻媒体监督、社会组织监督和公民个人监督，对水行政执法机构的监督具有建议性。

### （三）水行政执法监督现状

自从很多省份根据《地方各级人民代表大会和地方各级人民政府组织法》制定地方《行政执法监督条例》以来，该条例就成为对水行政执法监督的依据。

目前，对水行政执法的监督主要以内部监督为主，水政法制工作机构作为水行政机关的内设机构，由它来负责日常水行政执法活动监督工作。同时下级的水政监察机构也要受上级水政监察机构的监督，例如：每一年度上一级水政监察机构负责对水政监察机构执法责任制的执行情况进行考核；县级以上人民政府也会定期评议考核水利部门及其行政执法人员的执法效果和履行职责的状况。

除了内部监督，还有社会监督。人民群众往往通过上访的形式向有关部门反映情况，有的城市的市民直接采取拨打市政热线"12315""12345"的方式来监督举报，这样是通过引起监督机关的注意，间接通过监督机关来督促水行政执法机构公正合理的执法。

新闻媒体往往以报刊、电视、网络等媒介针对水行政机关的不作为和乱作为等侵害行政相对人合法权益的行为给予披露。

目前，从内容上来说，"河长制"行政执法监督主要包括：河长制执法监管的相关法律规范性文件执行情况；文件制定的程序和内容是否合法；行政处罚、行政许可、行政强制等行为是否合法、合理；行政执法中是否存在不作为、滥用职权、玩忽职守、越权执法等行为；行政执法公示情况；行政执法责任制落实情况等。

建构"河长制"的重心之一就是建立和健全针对河长的监督机制，包括建构司法机关和专教机关对河长的监督机制，健全公民、法人和其他组织，以及行政机关内部对河长的监督机制。

# 第二节 河（湖）长制执法监管监督的法律依据

监督水行政具体执法工作应该是水行政监管监督体系中的重要构成，具有重要地位，效力不可小觑，水行政监管执法监督的法律体系主要有以下几个方面。

### 一、宪法和法律

《中华人民共和国宪法》作为根本大法是各地政府根据情况和需要颁行规章制度的根据，这一法律也是监督工作得以顺利开展的强大保证和根基，所以，监督过程中更必须保证将《中华人民共和国宪法》当成基本保障。

目前，我国对水行政河（湖）长制监管执法监督具有直接法律约束的主要有《中华人民共和国水法》《中华人民共和国防洪法》《中华人民共和国环境保护法》《中华人民共和国水污染防治法》《中华人民共和国水土保持法》《中华人民共和国行政诉讼法》《中华人民共和国监察法》《中华人民共和国审计法》《地方各级人民代表大会和地方各级人民政府组织法》等。

《中华人民共和国水法》第六十三条规定："县级以上人民政府或上级水行政主管部门发现本级或者下级水行政主管部门的监督检查工作中有违法行为或者失职行为的，应责令其限期改正。"

《中华人民共和国防洪法》第八条规定："国务院水行政主管部门在国务院的领导下，负责全国防洪的组织、协调、监督、指导等日常工作。国务院水行政主管部门在国家确定的重要江河、湖泊设立的流域管理机构，在所管辖的范围内行使法律、行政法规规定和国务院水行政主管部门授权的防洪协调和监督管理职责。"

《中华人民共和国环境保护法》第六条第 2 款规定："地方各级人民政府应当对本行政区域的环境质量负责。"

《中华人民共和国水污染防治法》第四条规定："县级以上人民政府应当将水环境保护工作纳入国民经济和社会发展规划。地方各级人民政府对本行政区域的水环境质量负责，应当及时采取措施防治水污染。"第六条规定："国家实行水环境保护目标责任制和考核评价制度，将水环境保护目标完成情况作为对地方人民政府及其负责人考核评价的内容。"❶

《中华人民共和国水土保持法》第五条规定："国务院水行政主管部门主管全国的水土保持工作。国务院水行政主管部门在国家确定的重要江河、湖泊设立的流域管理机构（以下简称流域管理机构），在所管辖范围内依法承担水土保持监督管理职责。"

### 二、行政法规、地方性行政法规和规章

国务院作为我国政府体系内的最高权力部门，其颁发的所有规范性文件是水行政监管执法监督工作开展的主要依据。

除了行政法规，各地根据自身实际，对法律、行政法规的规定再细化、再完善、再补充，形成的地区范围内生效的规范性文件，也是水行政"河长制"监管执法监督工作开展的重要依据。

规章制度通常包含水行政机关部门制定的与地方政府制定的两类，都是对于已经颁行的各项法律、法规等内容的补充、明确和具体细化制度，也是作为水行政"河长制"监管执法监督的法律依据之一（表 6 - 1）❷。

---

❶　目前缺乏监督问责方面的法律和规章条例。如应颁布《环境治理和保护条例》，明晰界定地方党政负责人、各职能部门间的权限边界与责任分工，各个地区间的沟通、配合与协商，深化开展部门、地区与流域的联合执法。还应颁布《环境保护目标责任制考核评价条例》，建立完备的考核评价指标体系，明晰无法完成生态环境治理目标时政府及相关负责人应该承担的责任；同时应颁布《环境问责条例》，确立和细化生态环境问责的主体、客体、方式、结果等各个方面，通过法治的形式将各级地方政府对本辖区生态环境负责的目标与任务落到实处。

❷　国家工商行政管理总局制定的《工商行政管理机关执法监督规定》，福建省食品药品监督管理局制定的《福建省食品药品监督管理系统行政执法监督办法（试行）》等都属于此类型的行政执法监管的监督部门和地方的行政法律法规。

表 6-1         "河长制"对于水执法监管的监督规定（不完全列举）

| 规 定 名 称 | 主 要 内 容 |
| --- | --- |
| 《江苏省河道管理条例》（江苏省人大常委会公告第 62 号） | 将全面推行河长制纳入其中，为江苏省河长制工作增加了法律依据，明确江苏省、市、县、乡四级设立总河长，河道分级分段设立河长，并将总河长、河长名单向社会公布 |
| 《浙江省河长制规定》（浙江省人大常委会公告第 60 号） | 对浙江省河长的履职奖惩情况予以明确。河长履职成绩突出、成效明显的，给予表彰，对村级河长还可以给予奖励。河长如有未按规定进行巡查、未及时发现问题、未规定处理发现的问题等怠于履行河长职责行为，会有相应处罚 |
| 合肥市《"河长制"工作责任追究暂行办法》 | 对问责主体、问责客体、问责情形、问责方式等进行清晰、明确的界定 |
| 《上海市水资源管理若干规定（草案）》（上海市人民代表大会常务委员会公告第 58 号） | 将河长制法制化，并明确最严格水资源考核制度 |
| 成都市《关于全面实行河长制管理工作的实施意见》，编制《成都市全面实行河长制管理工作方案》《金马河、锦江、沱江流域河长制管理"一河一策"工作方案》（成委发〔2017〕4 号） | 明确了河长制管理工作的具体任务。制定了河长制管理工作会议制度、信息通报制度、巡查督办制度、督导检查制度和考核激励办法，建立了河长制管理工作推进机制。除了将河长制纳入法律体系，还需要为河长制工作提供"动态"的执法保障 |
| 无锡市颁布的《关于对市委、市政府重大决策部署执行不力实行"一票否决"的意见》（锡委办发〔2007〕121 号） | "对环境污染整治不力，未有效及时完成治理目标要求，贯彻实施市委、市政府太湖治理重大决策部署行动不及时、措施不到位、成效不显著的"，对责任人进行"一票否决" |
| 《广州、佛山跨界水污染综合整治专项方案》 | 对一年考核不达标的"河长"进行约谈；连续两年考核不达标的给予通报批评；对连续三年考核仍不达标者严格实行"一票否决"，两年内不予提拔。通过以上办法，巩固水环境目标责任制的再落实，确保治污、治水的权威性与稳定性 |

# 第三节   河（湖）长制执法监管监督的方式

健全对河（湖）长是否依法行政监督的制度是行政法建构河长制的重心。事实上，从河长制在我国推行十多年的历程来看，一些学者之所以怀疑其有效性，也与其缺乏科学的监督制度有密切关系。

从目前的关于河（湖）长的监督制度来看，仅限于行政机关内部监督，这既不符合整体性治理理念所要求的整体性监督机制，也难以实现河湖行政执法的整体性治理目标。

正如前文所述，水行政执法监督分为内部监督和外部监督❶，实际上应该包括以下四种方式。

---

❶ 外部监督一般主要包括：①国家机关。第一，国家权力机关类。也就是人大及常委会对"河长制"的行政执法行为的监督。第二，司法机关类。也就是法律赋予此项权力的法院、检察院等。第三，行政机关类。也就是纪委、审计、行政监察以及上级主管单位等。②社会组织。③新闻媒体。④群众监督，属于具备间接效力的监督。内部监督是指河长制自身的监督。河长制行政部门通过制定一系列的规范执法行为的规章制度以及责任追究制度来实现自我监督；通过在部门内部设专门的监督机构，来履行日常工作监督的职责，属于最直接的监督主体。

## 一、司法机关对水行政执法监管的监督制度

在我国，司法机关对水行政执法的监督包括人民法院的监督和人民检察院的监督。对于河长制问题，《关于全面推行河长制的意见》《〈关于全面推行河长制的意见〉实施方案的函》❶，以及地方关于河长制的规定，都要求河长作为行政机关的工作人员，对水行政执法监管进行内部的监督，但这都需要司法机关对此进行监督。

### （一）人民法院对水行政执法监管的监督

人民法院对水行政执法监管的监督是通过行政诉讼对行政行为的合法性进行审查，如果从行政诉讼类型来看，人民法院既可以在行政公益诉讼中对水行政执法监管进行监督，也可以在行政私益诉讼中对水行政执法监管进行监督。

此外，人民法院还可以通过司法建议的方式来监督。从《中华人民共和国人民政府组织法》和《中华人民共和国环境保护法》的规定来看，河长对本行政区域内的河湖环境质量负总责，因而从法理而言，河长对外履行河湖管理职权（责）也是顺理成章之事，因为"负总责"的方式，既可以是在行政机关内部负责，也可以在行政机关之外负责。但是，对外进行法律承担的主体应该是河长制的责任主体，也即是行政机关，而不是河长本人。

例如在"夏某等诉柯桥区杨汛桥镇人民政府等生命权、健康权、身体权纠纷案"中❷，原告夏某（系受害人孙某之妻）和原告孙某（系受害人孙某之子）认为，2015 年 10 月 16 日晚 8 时许，受害人孙某划船去西小江捕虾，在西小江河段因河底隐存竹桩穿破小船船底，导致小船沉没、受害人溺亡的事故，而西小江河段由被告杨汛桥镇政府管理，杨汛桥镇政府是河长制的责任主体，其没有履行监督管理职责，未发现水下没有及时清理的状况，对于事故发生具有不可推卸的责任。而被告杨汛桥镇政府认为，其不是河道管理机关，河长制的管理职责主要是负责管理水质与沿河环境，故杨汛桥镇政府主体不适合。

浙江省绍兴市越城区人民法院支持原告的观点，认为杨汛桥镇政府是适合主体，并判决其赔偿原告经济损失 88204.60 元。虽然此案的性质属于民事诉讼，人民法院也没有对河长与河长制作过多阐释，但可以确定的是杨汛桥镇政府是适合的诉讼主体，因其没有履行法定职权（责）而侵犯了他人合法权利，需要承担相应的赔偿责任。

由此可见，可以明确的是镇长作为河长，没有负好本流域的监管职责，而镇政府具有行政主体的法律身份，能够对外履行相应的河湖管理职权（责）并承担法律责任，可以成为行政公益或私益诉讼被告，因而人民法院可以对作为河长制的行政主体杨汛桥镇政府实施监督。

---

❶ "河长制"肇始于 2007 年我国江苏省无锡市发生的太湖蓝藻环境危机事件，随后滇池、淮河等流域的一些省市竞相仿效。2016 年 12 月中共中央办公厅、国务院办公厅印发《关于全面推行河长制的意见》（以下简称《意见》），紧接着水利部、环境保护部关于印发贯彻落实《〈关于全面推行河长制的意见〉实施方案的函》（以下简称《函》），2017 年 6 月修订的《中华人民共和国水污染防治法》（以下简称《水污染防治法》）第 5 条则规定了河长制。《意见》《函》的发布，特别是《水污染防治法》对之做出明确规定，标志着这项长期以来为地方党委和政府"试验"的制度获得国家层面的"首肯"，也意味着这项仅在某些省市"适用"的制度将在全国范围内推广。据学者不完全统计，截至 2017 年 1 月，我国有 24 个省（直辖市）对外公布了河长名单，其中 16 个省（直辖市）还出台了相应的规范性文件。

❷ 夏某等诉柯桥区杨汛桥镇人民政府等生命权、健康权、身体权纠纷案，绍兴市柯桥区人民法院（2015）绍柯民初字第 4484 号民事判决书。

**（二）人民检察院对水行政执法监管的监督**

人民检察院对水行政执法机构的监督主要体现为以下两个方面。

1. 提起行政公益诉讼

《中华人民共和国行政诉讼法》经 2017 年修正后在第二十五条第 4 款规定："人民检察院在履行职责中发现生态环境和资源保护、食品药品安全、国有财产保护、国有土地使用权出让等领域负有监督管理职责的行政机关违法行使职权或者不作为，致使国家利益或者社会公共利益受到侵害的，应当向行政机关提出检察建议，督促其依法履行职责。行政机关不依法履行职责的，人民检察院依法向人民法院提起诉讼。"2018 年 3 月，最高人民法院、最高人民检察院联合发布《关于检察公益诉讼案件适用法律若干问题的解释》，对检察公益诉讼案件的办理程序、检察机关的诉讼权利义务等事项作出了更为细化的规定。这为检察院在生态环境和资源保护等领域提起行政公益诉讼，监督相关行政机关提供了制度依据。水行政机关作为履行保护河湖生态环境资源职责的国家行政机关，自然不能"逃逸"出检察院的监督。不仅如此，根据《中华人民共和国宪法》第一百二十九条"检察院是国家的法律监督机关"的规定，检察院对水行政执法监管实施监督具有宪法依据。

2. 对水行政执法监管实施检察监督

《中共中央关于全面推进依法治国若干重大问题的决定》提出，检察机关在履行职责中发现行政机关违法行使职权或者不行使职权的行为，应该督促其纠正。该决定是检察机关对违法行政行为在《中华人民共和国宪法》第一百二十九条的具体化，属于检察监督的一种形式，同样适用于对水行政执法监管的监督。

依法履行河湖管理职责的水行政机关，同样会出现违法行使职权或不作为的情形。检察院依法可以采用检察建议的方式对其进行监督。

**二、其他专门机关对水行政执法监管监督制度**

在我国，对水行政执法监管进行监督的专门机关主要指国家监察委员会和国家审计机关。

**（一）国家监察委员会对水行政执法监管的监督**

根据《中华人民共和国监察法》的规定，国家监察委员会通过主动调查和接受报案或举报，发现公职人员的违法行为，并通过作出政务处分决定；将调查结果移送人民检察院依法审查、提起公诉；向监察对象所在单位提出监察建议或建议处分等方式来纠正公务员队伍中的违法现象，保证行政系统的勤政。因此，担任河长职务的人和水行政机关中的其他公职人员就履行河湖管理职权（责）接受各级监察委员会的监督。

**（二）国家审计机关对水行政执法监管的监督**

根据《中华人民共和国审计法》的规定，国家审计机关对国务院各部门和地方各级政府及其工作部门的财政收支行为进行监督，并依法予以处理。

水行政机关在治理河湖，履行河湖管理职责过程中将涉及大量的财政资金，国家审计机关对水行政机关使用财政资金情况予以监督属于其法定职责范围。

根据中共中央办公厅、国务院办公厅发布的《开展领导干部自然资源资产离任审计试点方案》的规定，国家审计机关要对被审计领导干部任职期间履行自然资源资产管理和生态环境保护责任情况进行审计评价。

特定公务员在担任河长期间的履行河湖环境自然资源保护情况会接受审计机关的审计。这个规定对被试点地区的河长具有相应的约束力。

### 三、公民、法人和其他组织对水行政执法监管的监督

现有的相关法律制度、文件规定了公民、法人和其他行政组织作为行政相对人，可以对水行政执法监管的行政行为提起行政诉讼或行政复议，这样既保护了行政相对人的合法权益不受侵犯，也间接地对水行政执法监管进行了监督。

除此之外，我国公民、法人和其他组织还可以通过举报、投诉等监督方式来监督执法过程中出现的监管行为缺乏法律依据和违法违规的现象。公民、法人和其他组织可以拨打市政热线"12315""12345"来监督举报，这样是通过引起监督机关的注意，间接通过监督机关来督促水行政执法机构公正合理的执法。当然，他们也可以拨打河湖长制所公布的公示牌上的电话或到公示牌上河湖长的办公地址进行联系，通过向各级河（湖）长进行反映、举报等来对水行政执法监管进行监督。

除了对水行政机关的监督，还应该有对于河长的监督，《意见》《函》及地方关于河长制的规定都涉及公民、法人和其他组织对河长的监督。如《函》规定河长自觉接受社会和群众监督，《意见》规定聘请社会监督员对河湖管理保护效果进行监督，但内容还有些不足，未来的趋势可能会是建构社会监督员监督的制度。

为了更好地对水行政执法监管进行监督，可以从社会上遴选合格的监督员，充分发挥群众力量。首先，社会监督员的遴选工作应当由环境保护主管部门的负责人或工作人员负责；其次，社会监督员的遴选与更新需要具备特定的程序和条件，作为社会监督员需要具有一定的环境保护素养，热爱环境保护事业；除此之外，环境保护主管部门可以邀请环境法专家对社会监督员进行定期的培训，讲授河湖行政执法监管的内容，以及对监管的评价和监督方式等内容；当然，社会监督员除了监督水行政执法监管，也应该可以监督河长，而社会监督员监督河长的具体方式，则应该根据现有法律文件所规定的河（湖）长的任务与目标来设计相应的评价指标，防止监督不到位或监督过宽。

同样，我们也要对社会监督员进行考核、激励与惩戒，例如，根据社会监督员开展工作的情况和达到的社会效果，将其工作成果分为优秀、良好和不及格三个等级，据此给予社会监督员相应的报酬、工作经费或不给予支付报酬等。

当然，为了让社会监督员更好地参与到监督工作中，地方政府应当保证社会监督员可以依法获得河（湖）长或水行政监管单位实施河湖行政执法的相关信息，也可以允许其参加河（湖）长或水行政监管单位召开的河湖治理协调会议。

### 四、行政机关内部的监督制度

#### （一）河（湖）长对水行政执法监管的监督

根据《中华人民共和国水污染防治法》第四条第2款："地方各级人民政府对本行政区域的水环境质量负责，应当及时采取措施防治水污染"；"省、市、县、乡建立河长制，分级分段组织领导本行政区域内江河、湖泊的水资源保护、水域岸线管理、水污染防治、水环境治理等工作。"河（湖）长制作为一项明确的法律制度，对于本行政区域内检核湖泊的水行政机构执法监管工作具有组织、领导作用，那自然负有对水行政执法监管的监督职责，属于内部监督。

**（二）上级机关对河长职责的监督**

关于河长制的《意见》《函》，以及地方政府一些实施办法或意见都比较详细地说明了对河长的监督制度。例如江苏省发文规定，如果河长出现因其失职、渎职导致河道资源环境遭受严重破坏，甚至造成严重灾害事故的情况，要依照规定调查处理，追究责任。上级机关对河长职责的监督具体可以总结为以下两个方面：

（1）结合河长的行政职权（责）类型，明确各级河长的权责清单。对河长实施法律监督是以河长的法定职权（责）为基础的，而清单则是这样一种制度载体。

（2）对省级河长的监督应当由国务院来实施，需要规定国务院对省级河长监督的方式、时间，特别需要规定如果省级河长没有完成治理河湖的年度目标，或如果出现考核不合格❶，国务院将追究其法律责任，对于没有达标的或者庸政懒政的，给予党纪、政纪的处分。当然，这属于纪律的处分，并不属于法律责任的承担。但是，通过这样的方式，也会进一步加强河长对水行政执法监管的监督力度。

**（三）水行政机关内部的监督**

很多省份根据《地方各级人民代表大会和地方各级人民政府组织法》制定了行政执法监督条例，这是地方上对水行政执法进行监督的依据。目前，水政法制工作机构作为流域管理机构和各级地方水行政主管部门内设机构，由它来负责日常水行政执法活动监督工作。同时下级的水政监察机构也要受上级水政监察机构的监督，例如每年年底水行政主管部门、流域管理机构的水政法制工作机构和上一级水政监察机构负责对水政监察机构执法责任制的执行情况进行考核。县级及以上人民政府也定期评议考核水利部门及其行政执法人员的执法效果和履行职责的状况。

# 第四节　加强河（湖）长制执法监管监督体系建设

## 一、河（湖）长制执法监管监督体系的不足

目前我国的行政执法监督体制是一种多重监督体制，监督主体包括各级人大及其常委会、上级主管部门、本级政府、司法机关、社会团体、媒体和公民等。监督的形式也多种多样，在实际工作中也的确发挥了重要作用。然而，现实中仍然存在着监督主体间协调差、监督机构分工不明确、没有形成监督合力、监督缺乏针对性、缺乏有效的常态化执法监督机制等问题。

（1）《中华人民共和国环境保护法》规定辖区内的环境质量由地方人民政府负责，但是，因为环境绩效考核指标体系不够完善，很难落实政府在环境保护问题上的责任。

（2）水信息公开制度不健全。实践中，政府主动公开信息，难以避免国家机关及其工作人员从自身利益出发，将环境信息筛选后公开，只公开对自己有利的信息，环境信息的真实性、全面性得不到保障，导致公民想要获得的环境信息如果不在国家机关环境信息公开范围内就无法获取。并且公开的信息种类较为单一，公民可获取的环境信息多数是笼统

---

❶　需要特别注意的是，对河长的考核与对河长的监督是不同的法律概念，虽然考核隐含着监督之意。从行政学上而言，监督是有权机关对河长是否依法行政的审查，而考核是有权机关对河长是否完成工作目标的考核。

的信息，市、县级与公民生活息息相关的详细环境信息不能根据公民的需要而公布，不利于公民了解周围环境情况和参与环境管理。

（3）我国的环评制度不健全。这一制度的设计主要是为了在源头预防、监管环境污染，虽然环评制度是对区域内有影响的项目进行评估，但因水污染的流动性，区域内的环评不足以维护整个流域的水环境。

（4）舆论和新闻媒体的监督几乎只有事中监督和事后监督，虽然能造成较大的社会影响从而督促政府早日解决问题，但是在水环境保护的实质性问题上并又能起到十分有效的作用。并且舆论监督只是一种社会监督，不具有强制性，新闻媒体获取信息的渠道也受控于行政机关，因此这种监督形式不能成为水环境治理监督的主要形式。当前在水环境法律治理问题上还缺乏有效的机制和手段从而难以进行严格的监督和制约，这严重影响了水环境法律治理监督的效果。

**二、加强监督的举措**

法治的根本要义在于"将权力关到制度的笼子里"，让权力在阳光下"晒一晒"。现代民主与法制要求，权力就应伴随监督，缺乏监督和制约的权力容易产生腐败。

做好水行政执法监督工作，应把握好以下几个方面。

（1）要加强其内部的监督，就应接受其主管部门的监督。严格实施水行政执法目标责任制度，使其执法责任细致明了，清晰可辨，落实执法岗位责任到每个部门的具体人员，同时加强执法质量的评价考核机制，对各部门以及个人的执法效果质量进行评估并纳入考核机制，具体则通过年度或季度考核使执法责任得到落实。

在程序上应严格按照法律法规的规定，执法人员在对案件进行调查时，必须有两人持有合法有效的执法证件；水行政执法文书必须符合有关要求，规范使用，所填写内容必须真实严谨；执法过程要符合程序要求，作出的水行政处罚决定要符合有关法律法规要求；要严把证据关，并告知行政相对人救济途径，对相关案件及时组织听证。要重视水行政执法的内部制约机制的作用，对复杂、特殊案件要进行集体研究讨论。

（2）水行政主管部门要支持监察机关、司法机关的监督，对滥用执法权、造成严重后果或损失的执法人员，要依法追究其法律责任。进一步提高执法人员的法治意识、自觉意识，减少、杜绝违规违纪现象的发生。

（3）水行政主管部门要支持人民群众、社会团体和新闻媒体的监督，形成监督合力，提高监督效果。关于人民群众的监督，要增强水行政执法的公开透明度，水行政相对人和相关人对水行政执法活动的深度参与，由过去单纯地受行政活动支配对象转变成水行政活动参与人和依法行政的约束者，成为在事中就督促、制约、依法行政的一支重要力量，逐步形成人民群众对依法维护自身合法权益的环境。

水行政主体要广泛征求社会团体的意见建议，主动邀请相关人员参与执法过程，不断把水行政执法监督推向深入。关于对新闻媒体的监督，要创造条件、提供便利、敢于揭短、敢于"露丑"，不仅要让新闻舆论对水行政执法过程进行报道，更要让新闻媒体对执法不公案件特别是重大案件、典型错案予以曝光，切实发挥新闻监督的作用，扩大新闻舆论监督的覆盖面，增强监督的力度，提高其监督的真实性和可靠性。

政府部门除了采取工作例会、推进会、调研、简报等形式自行监督河长制工作的推进情况外，更要利用传统媒体、新媒体"两微一端"等多种方式和渠道，及时主动向全社会公开河长制推行工作的进展和情况，并对群众反映的问题认真、仔细、高效率地进行答复和解决，以"互联网＋"为河长制打造"河长制执法监管"监督方案。由浙江省水利厅河长办负责开发的浙江省河长制管理系统已经上线，这套集网页端、手机移动端、微信公众平台三位一体的信息化系统，已收录两万余条河道信息，不仅将成为河长巡河、公众监督、流域长效管理的利器，也成为河长制执法监管监督的主要工具。

综上所述，只有建立水行政执法监督的长效机制，对水行政执法进行全面监督❶，才能规范执法行为，防止执法权不用、滥用，才能推动执法能力和水平的提升，才能真正将依法治水管水、保护公民合法权益的理念落到实处。

---

**【教学案例 6－1 解析】**

对河（湖）长制执法监管过程中出现的不作为行政行为可以由检察院采取检察建议、发函或者公益诉讼的方式进行监督。

（1）检察建议。本案中，掇刀区检察院在履行公益监督职责中发现，生态运动公园景观河存在生活垃圾、建筑垃圾和生活污水直接排入等污染问题，认为被告对生态运动公园景观河未依法履行水资源保护和水污染防治监督管理职责，致使社会公共利益受到侵害。于 2018 年 5 月 7 日向被告发出检察建议，建议该局依法履行龙泉河水资源保护和水污染防治监管职责，并采取有效措施对龙泉河水污染进行治理。

相关司法解释当中明确规定了检察建议可以作为不作为行政行为的一种监督形式：

最高人民法院、最高人民检察院《关于检察公益诉讼案件适用法律若干问题的解释》第二十一条规定，人民检察院在履行职责中发现生态环境和资源保护、食品药品安全、国有财产保护、国有土地使用权出让等领域负有监督管理职责的行政机关违法行使职权或者不作为，致使国家利益或者社会公共利益受到侵害的，应当向行政机关提出检察建议，督促其履行职责。行政机关不依法履行职责的，人民检察院依法向人民法院提起诉讼。

（2）发函（发送政府公函）。2019 年 4 月 23 日，掇刀区检察院向荆门市漳河新区管理委员会发出关于督促生态运动公园景观河生态治理的函，请荆门市漳河新区管理委员会督促相关行政部门（水利局）继续履职，彻底改善景观河水质，确保生态修复。

（3）提起公益诉讼。根据《中华人民共和国行政诉讼法》第二十五条第 4 款规定："人民检察院在履行职责中发现生态环境和资源保护、食品药品安全、国有财

---

❶ 全面监督是指：对行政执法程序加强事前、事中和事后的监督。事前监督指在行政执法行为作出之前，对执法目的的合法合理性进行评估；事中监督主要是在行政执法行为开始到结束的过程进行全程监督，这也是对执法程序监督的重中之重，同时也是强化执法责任追究的主要依据所在；事后监督指的是在行政执法行为完成之后定期对归档在案的行政执法行为进行事后评估。

产保护，国有土地使用权出让等领域负责监督管理职责的行政机关违法行使职权或者不作为，致使国家利益或者社会公共利益受到侵害的，应当向行政机关提出检察建议，督促其依法履行职责。行政机关不依法履行职责的，人民检察院依法向人民法院提起诉讼。"

综上，对河长制执法监管过程中出现的不作为行政行为，可以由检察院采取检察建议、发函或者公益诉讼的方式进行监督，这属于检察院的法定职责，检察院也有义务去履行监督责任。也可以由法院以审判的形式判定该执法行为违法或判令未履行职责的水行政机关履行相关职责。

**【教学案例 6 - 2 解析】**

本案例中，法院判决水利局行政违法，我们可以看到水利局在收到检察建议以后，已经作出了积极的行政行为，要求违法行为人限期拆除违法构筑物，修复河道问题。但是，在检察机关再次实地调查时，发现河堤处仍有大坑，违法行为人依旧有破坏河岸的行为。检察机关遂提起公益诉讼。

对行政权进行监督制约的制度包含两类：一是行政机关内部对行政权的监督；二是行政机关外部对行政权的监督，即自律监督和他律监督。

内部监督是在水行政主管部门和流域管理机构内部之间的纵向上下级监督和本主管机构以外的机构对水行政执法构的监督，行政机关内部可以对水行政机关已经作出的行政行为及时地进行实地调查和复查，以免出现违法行为人整改不到位和行政部门执法不合理等问题。例如，有的地方设置水政法制机构对水政监察机构执法进行监督。

外部监督是指国家行政系统外的监督主体对地方水利部门和流域管理机构的水行政执法行为的监督。此类监督依法独立行使权力，水行政机关无权干涉，最具代表的是宪法和诉讼法确立的法院独立审判和检察院行使检察权。这在案例当中都可以看到，检察机关依法积极行使检察权和法院独立审判都可以使水行政执法受到很好的监督。检察机关可以参考本案例当中的检察机关的做法，在水行政机关已经作出确保整改到位的通知后，依法再次对该地进行实地调查，查明水行政机关违法，并未正确履职，向法院提起诉讼。

外部监督还应包含社会监督，社会团体和个人基于宪法和法律取得监督主体的地位，对水行政执法机构的监督行为仅具有建议性而非强制力，不直接产生法律后果的行政执法监督，可以具体划分为新闻媒体监督、社会组织监督和公民个人监督。可以考虑在微信等自媒体上建立河湖管理保护信息发布平台，通过主要媒体向社会公告河长名单，在河湖岸边显著位置竖立河长公示牌，标明河长职责、河湖概况、管护目标、监督电话等内容，接受社会监督。聘请社会监督员对河湖管理保护效果进行监督和评价。进一步做好宣传舆论引导，提高全社会对河湖保护工作的责任意识和参与意识。

**【思考题】**

6-1 行政执法监管监督的特征是什么？

6-2 河长是否可以对水行政执法监管进行监督？

6-3 河湖长制中，如果河长没有尽到监管职责是否会受到法律的制裁？其所在的行政机关是否会被提起行政诉讼？

6-4 水行政监管机关面对检察机关出具的检察建议，应该采取什么样的积极措施进行整改？

6-5 水行政执法、监管机构应该采取怎样的措施来加强监管？

# 第七章

# 行政执法与刑事司法的衔接
# （以非法采砂两法衔接为例）

**【教学案例 7-1】**

2016年4月15日至5月9日，胡某某在未取得采砂许可证的情况下，驾驶无船名船号的改装吸砂船，擅自在长江芜湖海螺码头江段至铜陵长江公铁大桥下游过高压线江段之间非法采砂（非金属矿产），累计采砂38船次，共计盗采江砂75100吨，以均价12.3元的价格销售给他人，非法所得共计人民币92.9万元。2016年5月9日晚10时许，胡某某采砂船在铜陵长江公铁大桥下游南岸约一公里水面处进行盗采作业时，被铜陵市义安区水利局执法部门当场查获。2016年5月9日，铜陵市义安区长江采砂管理办公室对胡某某的非法采矿行为行政罚款30万元。2016年5月11日，胡某某主动到铜陵市公安局义安分局投案。案发后，胡某某退赔退赃共计人民币105万元。铜陵市义安区人民检察院于2016年8月16日向法院提起公诉。

**【问题】** 被告行为是否达到非法采矿罪移送标准？执法机关收集的非法采砂证据如何认定？在受到行政处罚后是否仍应当受到刑事处罚？

**【教学案例 7-2】**

2013年5月至2015年，王某在任桐柏县水利局副局长分管法制股、河道站等工作期间，在负责依法查处、审批河道采砂过程中，不认真履行职责，对桐柏县新集乡杨湾村三夹河河道孙某无证非法采砂行为处罚和执行不到位，导致孙某于2013年6月至2015年8月期间无证非法采砂324280立方米，造成矿产资源直接损失3676720元。2015年9月29日，桐柏县水利局工作人员对徐某在桐柏县月河镇非法采砂进行现场勘检认定，徐某采砂量是6012立方米，被告人明知徐某的行为可能达到非法采矿罪追诉标准，在接受徐某及其委托人说情、吃请后伪造材料，隐瞒真相，未将徐某移交司法机关处理，致使徐某继续进行非法采砂犯罪活动。河南省桐柏县人民检察院指控被告人王某某犯玩忽职守罪、徇私舞弊不移交刑事案件罪，于2016年5月3日向法院提起公诉。

**【问题】** 被告王某某的行为应当如何认定？其根本原因是什么？

近年来，行政执法与刑事司法衔接工作持续受到行政执法机关、司法机关等众多实务部门的共同关注。为了进一步完善行政执法与刑事司法衔接工作，国务院于 2001 年专门制定了《行政执法机关移送涉嫌犯罪案件的规定》。随后，最高人民检察院、公安部等有关机关联合或单独下发相关文件，我国行政执法与刑事司法相衔接机制逐步建立起来，确立了联席会议、案情通报、备案审查、线索移送及检察建议等制度。在接下来的十余年中，两法衔接机制受到各层面的高度重视，相关法条文件达 5000 多份，主要涉及食药卫生、农渔林业、工商质检、知产科技等领域，具有行政执法权的行政部门在执法过程中对涉及犯罪情形，应当移送司法机关的案件进行处理，否则可能造成徇私舞弊不移交刑事案件罪等。2004 年最高人民检察院、全国整顿和规范市场经济秩序领导小组办公室、公安部联合颁布《关于加强行政执法机关与公安机关、人民检察院工作联系的意见》，2006 年又联合监察部颁布《关于在行政执法中及时移送涉嫌犯罪案件的意见》。

2011 年，中共中央办公厅、国务院办公厅转发了国务院法制办等八个部门共同制定的《关于加强行政执法与刑事司法衔接工作的意见》，两法衔接机制得到进一步推进。2013 年 11 月 12 日，中国共产党十八届三中全会通过《中共中央关于全面深化改革若干重大问题的决定》，其中将"完善行政执法与刑事司法衔接机制"作为全面深化改革的重大问题之一。2014 年 10 月 23 日，十八届四中全会通过的《中共中央关于全面推进依法治国若干重大问题的决定》再一次强调深化行政执法体制改革过程中把握"行政执法与刑事司法衔接机制"。

在环境保护领域，为加大对环境违法犯罪行为的打击力度，切实做好环境行政执法与刑事司法衔接工作，国家环境保护总局、公安部、最高人民检察院于 2007 年联合发布《关于环境保护行政主管部门移送涉嫌环境犯罪案件的若干规定》，明确环境行政执法与刑事司法衔接程序，继而《关于加强环境保护与公安部门执法衔接配合工作的意见》的颁布进一步细化了行政机关与公安机关的衔接程序，确保环境犯罪案件的有效衔接。

其中，河道安全、防洪涉水工程等对于水生态环境维护而言至关重要，而在利益驱动之下，禁采区、禁采期采砂等这类典型非法采砂行为一直屡禁不止，这不仅破坏了江砂资源，也会对长江段的水利安全、水文情势、水质、河流及沿岸生态环境、水中渔业资源产生严重损害。早在 2016 年 1 月 5 日长江经济带发展重庆座谈会就明确指出，推动长江经济带发展必须走"生态优先、绿色发展"之路，"共抓大保护、不搞大开发"。

同时，2016 年 11 月 28 日，最高人民法院、最高人民检察院联合公布了《关于办理非法采矿、破坏性采矿刑事案件适用法律若干问题的解释》（以下简称《解释》），在进一步明确非法采矿类犯罪的认定标准，丰富认定程序的同时，加大了对非法采砂犯罪活动的打击力度。该《解释》从 12 月 1 日起施行，最高人民法院《关于审理非法采矿、破坏性采矿刑事案件具体应用法律若干问题的解释》同时废止。《解释》明确将无证采砂行为纳入到"非法采矿罪"范畴，对非法采砂行为的定罪量刑作出规定，实现行政与刑事双重打击非法采砂行为的惩治方式。

当前非法采砂不仅是各地水行政主管部门等执法机关重点打击的对象，也因其入刑后成为司法机关的"治理"范围。2016 年 12 月 11 日，中共中央办公厅、国务院办公厅发布了《关于全面推行河长制的意见》，其中一项就是通过完善行政执法与刑事司法衔接机制以打击非法采砂行为。加强水行政执法与刑事司法的衔接工作机制，有利于推进对非法采砂行为的制裁，维护长江河道采砂的良好管理秩序，保障长江河道航道与防洪安全。基于非法采砂问题的严重性、进一步规范河道采砂行为的必要性以及教材篇幅等方面的考虑，本章仅以非法采砂为例，分析两法衔接过程中存在的问题，提出具体建议，以便相关的行政执法人员在执法过程中更好地开展与司法机关的衔接工作。

## 第一节　非法采砂两法衔接概述

### 一、两法衔接的概念与意义

行政执法与刑事司法衔接机制，是指在查处涉嫌犯罪的行政违法案件过程中，各有关部门在各司其职、各负其责的前提下，相互配合、相互制约，确保依法追究涉嫌犯罪人员的刑事责任的办案协作制度。具体而言，它是将涉嫌构成犯罪的行为从行政执法过程中分离出来，移送到公安司法机关处理，使之转移到刑事司法程序，并由公安司法机关进行侦查、追诉、审判的一系列程序。主要具有以下特征：①衔接主体的多方参与性。从定义上来看，衔接机制的参与机关，应当包括行政执法机关和刑事司法机关两类，具体包括行政执法机关、公安机关、检察机关、监察机关。②衔接流程之双向渗透性。案件经由行政执法机关移送至刑事司法，使得行政相对人的身份转化为犯罪嫌疑人，同时，对于司法机关免予刑事处罚但建议行政处罚的案件，则应及时移送行政执法机关处理。③衔接范围的广泛性。衔接机制主要以行政执法过程为涵盖范围，包括纵向和横向两个方面。从纵向来看，行政执法过程包括发现违法行为、开展调查、作出处理决定和执行处理等过程；从横向来看，行政执法过程通常涉及多个部门的执法活动，对同一行政违法行为可能有多个行政管理部门，甚至是发现国家工作人员滥用职权等职务犯罪情形时，还需要监察部门介入。④衔接运行的程序性。行政执法与刑事司法的衔接不仅存在实体法方面的问题，还面临着具体的程序性问题，如移送主体、接受移送的主体、移送标准、移送期限、移送材料、审查和处理、监督与救济等。

行政执法与刑事司法衔接工作逐步得到重视与加强，其意义在于：①有助于加强和创新社会管理。当前，在行政执法领域，有些涉嫌犯罪案件存在着"有案不移""以罚代刑"的问题，无法对违法犯罪分子起到威慑作用，而两法衔接工作有助于充分发挥行政和司法两种社会管理手段，能够对行政执法过程中发现的违法犯罪行为形成职能互补、合力打击的良好局面。②有助于规范行政执法与刑事司法。通过两法衔接机制，加强对行政执法权力的制约和规范，实现司法权对行政权的监督制约，规范行政执法行为，同时，也能规范刑事司法权的运行，实现公正司法。③有助于提高司法效率。通过两法衔接机制，行政执法主体在案件材料、证据收集方面能够为刑事司法主体提供支持，减轻其工作负担，为刑事案件的顺利侦查、起诉和审判打下良好的基础。

### 二、非法采砂两法衔接的法律依据

近年来，我国通过法律、行政法规、部门规章等对非法采砂的行为进行了明确规定。一方面，依据《中华人民共和国航道法》《长江河道采砂管理条例》《长江河道采砂管理条例实施办法》等法律法规，由县级以上地方人民政府水行政主管部门或者长江水利委员会依据职权针对违法采砂行为应责令停止、没收违法所得和机具，并处罚款，严重情节还应扣押或者没收非法采砂船舶。另一方面，依据《中华人民共和国刑法》《关于办理非法采矿、破坏性采矿刑事案件适用法律若干问题的解释》等法律和司法解释之规定，若在河道管理范围采砂，未取得采砂许可证，或造成严重河流影响，危害防洪安全的，应当依法追究刑事责任。

关于非法采砂行政执法与刑事司法之间衔接机制的规定主要参见于党内法规和规范性文件。最初为解决行政执法领域的有案不移、有案难移、以罚代刑的突出问题，国务院于2001年7月制定了《行政执法机关移送涉嫌犯罪案件的规定》，此后最高人民检察院、公安部等有关机关联合或单独下发相关文件，我国行政执法与刑事司法相衔接机制逐步建立起来。继而国家环境保护总局、公安部、最高人民检察院联合发布环境领域行政执法与刑事司法相关规定，细化环保机关与公安机关、检察机关之间的衔接程序，并推动建立联动执法联席会议制度、联动执法联络员制度、案件移送机制、重大案件会商和督办制度、紧急案件联合调查机制、案件信息共享机制等。2014年11月12日，国务院办公厅印发了《关于加强环境监管执法的通知》，提出全面实施行政执法与刑事司法联动。2016年12月11日，国务院办公厅为解决我国复杂水问题、维护河湖健康生命，印发了《关于全面推行河长制的意见》，其主要任务之一就是加大河湖管理保护监管力度，建立健全部门联合执法机制，完善行政执法与刑事司法衔接机制。2017年1月25日，环保部、公安部和最高人民检察院联合发布《环境保护行政执法与刑事司法衔接工作办法》，2007年联合发布的若干规定同时废止，并对行政执法机关移送涉嫌犯罪案件的时限和条件等做出了详细规定。2018年10月15日，国务院办公厅印发了《关于加强长江水生生物保护工作的意见》，强调加强水域执法，提升执法监管能力，其中就包括完善行政执法与刑事司法衔接机制。在实践中，为了完善环境行政执法与刑事司法的衔接，一些省市通过设立环境警察、推动环境司法专门化、实施环境执法与司法联动机制等制度和措施来保障对污染行为及时制止和处理，使环境行政执法与司法共同发挥效力。

**三、非法采砂两法衔接的程序内容**

关于非法采砂行为的行政执法与刑事司法既有区别又有联系，其区别在于：①主体不同。司法又称为"法的适用"，是指国家司法机关依据法定职权和法定程序，具体应用法律处理案件的专门活动。在我国，严格意义上的司法机关只有人民法院与人民检察院；而非法采砂行为的行政执法通常是由水行政主管部门或者长江水利委员会等国家行政机关执行法律。②内容不同。非法采砂的司法活动对象主要是裁决涉及非法采砂行为的案件进行处理，而行政执法是以国家名义对河道进行全面管理，保护水资源不受侵害。③程序要求不同。刑事司法的程序要求极为严格，从侦查、立案等一系列程序都有着明确规定，一旦违反将导致司法行为的无效和不合法，而行政执法方面，因其本身特点，特别是基于执法效能的要求，其程序规定较司法活动更为灵活。④主动性不同。司法活动具有被动性，尤其是审判机关不能主动去审理案件，只有经过一系列程序启动刑事司法程序后方能审理案件，而行政执法具有更强的主动性，对社会进行行政管理的职责要求行政机关应积极主动地去实施法律，而并不基于相对人的意志引起和发动。

尽管如此，两者同时又紧密联系。一方面，刑事司法为行政执法提供强有力的刑事司法保障，共同打击非法采砂的犯罪行为；另一方面，行政执法是刑事司法的前提。两者之间存在内在一致性和相互衔接性，行为的违法性是非法采砂行为需要受到刑事处罚的前提条件，也就是说行政执法程序在刑事程序启动之前，当非法采砂行为达到一定的严重程度，即法定标准时，就会被转入刑事司法程序。因此，为形成对河道范围违法行为重拳打击的态势，遏制河道不断恶化的趋势，需要促进行政执法机关与刑事司法机关之间的相互配合，建立行政执法与刑事司法衔接的长效机制，充分发挥行政执法和刑事司法的共同效力。而在行政执法与刑事司法的衔接程序上，主要包括行政执法机关对涉嫌犯罪案件的移送程序、公安机关对移送案件的受理和处理程序以及检察机关对行政执法机关移送涉嫌犯罪案件，公安机关受理、处理移送案件的监督程序等，具体流程如图7-1所示。

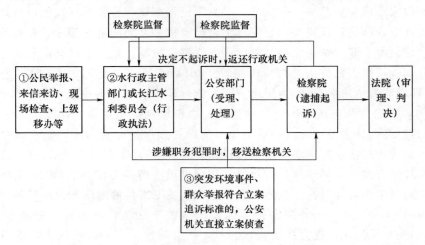

图7-1 非法采砂案件移送及处理流程图
①—一般涉嫌非法采砂犯罪案件移送及处理；②—涉嫌职务犯罪案件移送及处理流程；
③—涉嫌非法采砂犯罪案件移送及处理

## 第二节 非法采砂两法衔接存在的问题

### 一、非法采砂两法衔接的典型案例

自非法采砂行为纳入到"非法采矿罪"范畴中，我国各级法院便针对这类行为进行了刑事判决，因此，本章通过中国裁判文书网、北大法宝等检索平台，以"非法采矿罪"进行检索，选取了长江流域7个省（直辖市）的18个案例进行分析，表7-1。

结合表7-1中的案例，其中非法采砂两法衔接面临的主要问题如下：

（1）非法采砂涉刑案件的法律适用问题，包括对同一类违法行为的处罚标准、不构成犯罪的非法采砂行为的认定等。

（2）非法采砂涉刑案件是否需要行政处罚的问题。已决案例中存在着联合执法部门未对当事人作出处罚，而直接移送到公安部门立案的情形。

（3）非法采砂证据的收集、转化、固定等问题。非法采砂案件通常系团伙作案，涉案人员复杂、利益主体众多，导致在砂石价值认定、"两年内三次"的条款均存在争议。

表 7 - 1　　　　　　　　　　　长江河道非法采砂典型刑事案件

| 案例省份 | 案例序号 | 案 件 | 案 号 | 审理法院 |
|---|---|---|---|---|
| 湖北省 | 1 | 陈某、李某等非法采矿罪一审刑事判决书 | 〔2017〕鄂 0202 刑初 156 号 | 黄石市黄石港区人民法院 |
| | 2 | 吕某、王某非法采矿一审刑事判决书 | 〔2017〕鄂 0103 刑初 1321 号 | 武汉市江汉区人民法院 |
| | 3 | 祝某、颜某非法采矿一审刑事判决书 | 〔2017〕鄂 1181 刑初 99 号 | 麻城市人民法院 |
| | 4 | 王某、江某非法采矿一审刑事判决书 | 〔2018〕鄂 01 刑终 479 号 | 武汉市中级人民法院 |
| 湖南省 | 5 | 陈某等人非法采矿一审判决书 | 〔2017〕湘 0621 刑初 59 号 | 岳阳县人民法院 |
| | 6 | 占某等非法采矿、掩饰、隐瞒犯罪所得一审判决书 | 〔2017〕湘 0405 刑初 143 号 | 衡阳市珠晖区人民法院 |
| | 7 | 曹某等人非法采矿二审刑事裁定书 | 〔2017〕湘 09 刑终 187 号 | 益阳市中级人民法院 |
| 江西省 | 8 | 王某非法采矿一审刑事判决书 | 〔2017〕赣 1124 刑初 30 号 | 铅山县人民法院 |
| | 9 | 鹰潭市东升砂石有限公司、任地球非法采矿一审刑事判决书 | 〔2016〕赣 0622 刑初 223 号 | 余江县人民法院 |
| 安徽省 | 10 | 蒋某、李某非法采矿一审刑事判决书 | 〔2017〕皖 1802 刑初 39 号 | 宣城市宣州区人民法院 |
| | 11 | 余某、叶某非法采矿一审刑事判决书 | 〔2017〕皖 0802 刑初 223 号 | 安庆市迎江区人民法院 |
| | 12 | 周某非法采矿罪一审刑事判决书 | 〔2019〕皖 1524 刑初 187 号 | 金寨县人民法院 |
| 四川省 | 13 | 王某、杨某、张某犯非法采矿罪一审刑事判决书 | 〔2017〕川 1825 刑初 116 号 | 天全县人民法院 |
| | 14 | 余某、刘某、山某、胡某、何某、杨某非法采矿罪一审刑事判决书 | 〔2017〕川 1825 刑初 109 号 | 天全县人民法院 |
| 江苏省 | 15 | 赵某、赵某等非法采矿罪二审刑事裁定书 | 〔2017〕苏 11 刑终 85 号 | 镇江市中级人民法院 |
| | 16 | 林某、夭某等非法采矿罪二审刑事裁定书 | 〔2017〕苏 06 刑终 465 号 | 南通市中级人民法院 |
| 重庆市 | 17 | 杜某等非法采矿罪一审刑事判决书 | 〔2017〕渝 0116 刑初 786 号 | 重庆市江津区人民法院 |
| | 18 | 王某非法采矿罪一审刑事判决书 | 〔2017〕渝 0101 刑初 1064 号 | 重庆市第二中级人民法院 |

（4）各部门联合执法及信息共享问题。各部门联动执法成为当前非法采砂案件在各地的最常见侦办方式，但实践中案件执法信息共享方面存在着一定的问题，导致信息共享不及时，已决案例中仍然以公安机关发现非法采砂线索为主。

### 二、非法采砂涉嫌犯罪案件移送标准模糊

实践证明，仅用行政处罚或治安处罚手段难以有效遏制河道非法采砂行为，通过刑罚手段打击河道非法采砂能够产生强大的威慑力。但在非法采砂案件移送衔接过程中，非法采砂案件仍面临着主体不确定、追责数额标准不统一、砂石价值认定方法和标准存在差异等问题，致使案件移送存在不确定因素。

#### （一）非法采砂实施处罚的主体确定问题

《最高人民法院、最高人民检察院关于办理非法采矿、破坏性采矿刑事案件适用法律若干问题的解释》（以下简称《解释》）第三条第三款提及，两年内曾因非法采矿受过两次以上行政处罚，又实施非法采矿行为的，认定为"情节严重"情形，但实践中各办案机关对实施行政处罚的主体和内容存在认识分歧。例如，有王洪彪非法采矿案中被告连续两次受到巫山县水务局作出的行政处罚，也有周雨非法采矿一案中六安市叶集区水利局和金寨县国土资源局相继对其进行警告、罚款和没收违法所得的行政处罚，法院便认定被告属于"在两年内曾因非法采矿受过两次以上行政处罚"。这里需要明确实施行政处罚的主体是否不限于水行政执法部门，还包括环保、水上交通等部门对因采砂而造成环境、交通设施、通航安全等破坏而实施的行政处罚。

#### （二）刑事追责数额标准不明确

依据《解释》第三条、第四条及第十五条规定，非法采砂刑事追责数额参照"矿产品价值或者造成的矿产资源破坏的价值在十万元至三十万元以上"的标准，且各地法院、检察院可以根据本地区实际情况，确定本地区的具体刑事追责数额标准。由此可见，非法采砂刑事追责数额存在一定裁量幅度。然而，长江流域的省市地区经济发展水平差异较大，对司法解释的认识程度不同，这就使得不同地区的刑事追责数额标准存在较大差异。有的地方尚未起草配套细则，有的地方颁布的具体标准不同，如浙江省法院和检察院联合发布的《关于确定非法采矿罪、破坏性采矿罪数额标准的通知》确立 20 万元的"情节严重"标准，而江苏省法院和检察院颁布的《关于我省执行非法采矿、破坏性采矿"情节严重"、"造成矿产资源严重破坏"标准的意见》则确立 10 万元以上的"情节严重"标准。针对这种情形，若是非法采砂行为存在于两省交界水域，此刻应当如何认定呢？

#### （三）不同地区砂石价值认定方法和标准存在差异

依据《解释》第十三条规定，非法开采的矿产品价值，根据销赃数额认定。无销赃数额，销赃数额难以查证，或者根据销赃数额认定明显不合理的，根据矿产品价格和数量认定。

在实践过程中，对于销赃数额和矿产品价格的认定均存在差异。销赃数额的认定有两种观点，一种是依照砂的"出水价"而定，即采砂船与第一手承运的运砂船交易的价格。理由是非法采矿罪属于破坏社会管理秩序类罪，其犯罪客体是国家对矿产资源和矿业生产的管理制度和国家对矿产资源的所有权，销赃数额主要是破坏矿产资源价值，应包含采砂船费用等必要的作案成本和合理利润。另一种是依照砂的"到岸价"认定，即在非法采砂犯罪中，其犯罪手段包含了采砂、运砂环节，犯罪集团直接将江砂运到陆地再进行交易，其中只有一个销赃数额，即"到岸价"，所以应当以"到岸价"来认定非法采砂的犯罪数额。在江砂价格认定方面，《解释》提出"价格认证机构、省级以上人民政府国土资源等

主管部门、国务院水行政主管部门在国家确定的重要江河湖泊设立的流域管理机构等均有出具矿产价值报告的资格"，这里必然涉及鉴定部门的选择，在王林平非法采砂案中江西省国土资源厅作出的砂石价值鉴定结论依据的是上饶市科信水利水电勘察设计咨询有限公司所出具的司法鉴定，而在陈某、李某甲等非法采矿案中，砂石价值则通过湖北省地质局第五地质大队出具的鉴定报告认定。依据国土资源部 2005 年发布的《非法采矿、破坏性采矿造成矿产资源破坏价值鉴定程序的规定》，对于矿产资源破坏价值认定应当由"省级人民政府国土资源主管部门负责出具本行政区域内的或者国土资源部委托其鉴定的非法采矿、破坏性采矿造成矿产资源破坏价值的鉴定结论"。前述案例明显不符合相关鉴定程序规定，不应被法院认可。因此，对于鉴定机构的明确以及在因为具体情形存在鉴定困难时应当如何进行江砂价值认定，值得进一步思考。

### 三、非法采砂两法衔接中行政执法存在的问题

非法采砂两法衔接工作中行政执法机关是主力军，而在面对两法衔接工作时，行政执法机关仍然面临着以下几点问题：执法信息共享交流不畅、非法采砂证据收集、转化及固定困难、行政处罚与刑事处罚之间的适用有待厘清、案件移送程序激励机制的缺失等。

#### （一）各部门联合执法及信息共享问题

信息共享问题是非法采砂两法衔接中的重要环节，其决定了两法衔接是否能够有效顺畅进行。目前，仅依靠水行政执法机关来打击非法采砂行为显然不足，因而，各地便开始探索建立各部门联合执法形式以处理非法采砂案。

由于河道采砂是属地管理，不法分子常利用交界水域游击偷采，非法采砂打击难度较大。政府主导的跨部门和跨区域间的联合执法机制得以建立，以湖北为例，2018 年 3 月12 日湖北省水利厅、公安厅、交通运输厅、长江航务管理局联合印发的《湖北省河道采砂管理联合执法工作制度》明确规定：采砂管理的多个部门，要开展常态化联合执法与专项打击，推动行政、刑事手段双管齐下；河道采砂规划与许可，各部门要协调统一；联合开展涉砂船舶检查、监督和惩处；建立涉砂信息共享和通报制度。据统计，2018 年湖北省共办理非法采砂案件 561 起，向公安部门移交刑事案件 40 起，扣押涉案船只 69 艘，刑事逮捕（拘留）涉案人员 276 人，网上追逃 10 人，纪委监委追责问责 13 人。不仅如此，湖北、江西、安徽三省为加强采砂管理，维护交界水域的河道采砂管理秩序，严厉打击非法采砂活动，在共同协商的基础上，签订了《长江鄂赣皖省际交界水域采砂管理区域合作联动机制工作协议》，规定三省各级水行政主管部门应加强采砂管理相关信息交流，适时沟通各自辖区内采砂许可项目及实施和管理情况、采砂船舶集中停靠、非法采砂案件查处等情况。任何一方在日常巡查中发现对方水域出现的非法采砂等相关问题时，应及时通报对方。就湖北而言，目前已搭建起鄂湘、鄂赣皖两个省际联合执法制度，湖北长江上游片区、下游片区两个区域联合执法制度。

可以说，部门联合、区域联动的执法机制正在形成，但同时在信息共享方面也面临着一些具体问题，有待进一步完善。从信息共享内容来看，各地在构建两法衔接信息共享平台时，会要求将除简易程序案件以外的行政执法案件信息均录入信息共享平台，但实践中，有的行政执法机关仅将已经移送的案件录入。不仅是录入范围，在具体内容和录入时间等方面均未实现统一。从信息共享层级来看，就纵向而言，非法采砂行政执法信息在层

级之间的实时信息共享还未完全建立起来，尤其是没有到达县区级的信息共享机制，不利于上级行使监督职责，也不利于下级部门信息的及时获取。就横向而言，不同部门之间暂时还未实现实时信息共享机制。长江河道采砂管理职责并非仅仅与水行政主管部门协作，还与海事、航道等部门协作，甚至需要与工商部门进行联合以便从源头约束和控制非法采砂行为。从信息共享的深入管理来看，各省纷纷致力于信息共享平台的建立，但对于平台后续的跟踪管理和信息分析等方面仍显不足。

**（二）非法采砂证据收集、转化、固定等问题**

《刑事诉讼法》第五十二条第 2 款规定："行政机关在行政执法和查办案件过程中收集的物证、书证、视听资料、电子数据等证据材料，在刑事诉讼中可以作为证据使用。"该条款为行政证据向刑事证据转化提供了强有力的法律依据，然而，由于该条规定过于简单，在实践操作中仍无法扫清"两法衔接"的证据障碍。

（1）非法采砂者的反侦查能力越来越强。从时间上，非法采砂者多数夜间作业，白天离船，巡逻人员很难发现；从方式上，出现了非法采砂化整为零、变大为小的现象，采砂人员基于《解释》出台后，采取减少单次砂石价值，逃避达到刑事立案标准，除此之外，通常短期非法采砂行为以口头约定为主，采取即刻交接支付的方式，避免留下账本这类书面证据，长期作业者则会待结账之后销毁所有证据；从人员上，采砂人员更换频繁，流动性极强，长期从事水上作业，无固定住址，定位困难抓捕难度大。据悉，2015 年沭阳县河道管理局有近 70 次执法行动未能获取现场证据，可见这已经成为执法机关收集证据的阻碍之一。

（2）各涉水行政执法部门权责划分不够明确、人员参差不齐、装备较弱。首先，我国行使水上执法权的行政部门不止水行政主管部门，还包括海事、航道、渔政、公安等均有权参与，职责权限分工不明确，进而造成非法采砂案件处理涉及多部门、多环节。其次，水行政执法力量薄弱。在人员数量方面，专门执法人员数量偏少。据了解，江苏大部分省属水管单位执法人员不超过 20 人，其中大部分人员虽为"专职水政监察员"，却只能兼职从事水行政执法工作。在人员专业性方面，一般在岗位设置和人才引进方面更倾向于水利工程专业，缺乏法律专业型人才。最后，执法装备不到位。一些基层队伍存在"水上执法无船、岸上执法无车、执法取证缺器材"的状况，这对非法采砂案件的及时发现和取证等造成了一定困难。

（3）行政执法案件证据的收集与固定衔接不够。许多案件因为行政执法人员自身原因和犯罪嫌疑人员的主观故意阻碍导致案件在最初阶段就无法达到规范程序要求，如在处置非法采砂案现场取证过程中，很少会当场固定证据，一般会对现场进行勘验、记录和拍照，搜集涉案人员的供述或证言、陈述等，但对非法采砂船船主、主从犯、雇佣等各类关系仅来源于涉案人员的供述，难以甄别是否会有"顶包"情形，尤其是"三无"船主顶包现象导致《解释》中"两年内三次"的条款难以践行，可能一个船主在受到一次或两次处罚后，再次受处罚时由其他人顶包，案件并未达到刑事犯罪标准。除此之外，与盗采砂石有关的数量、销账金额、单价信息及实际载重量等均无法获得证实，导致证据收集很难得以固定下来。

### （三）行政处罚与刑事处罚的适用问题

《行政处罚法》《刑法》《刑事诉讼法》《行政执法机关移送涉嫌犯罪案件的规定》等法律法规中，都明确要求行政执法机关对符合刑事追诉标准、涉嫌犯罪的案件，应依法及时移送司法机关处理，不能以罚代刑。在实践中，行政机关在处理涉嫌刑事犯罪的非法采砂案件时是否需要先行做出行政处罚决定？经过刑事处罚后是否仍然需要再进行行政处罚？已经进行行政处罚的案件是否可以在刑事处罚时予以考量，折抵相应处罚呢？违法案件刑事处罚后是否就可直接抵消行政处罚呢？

《关于在行政执法中及时移送涉嫌犯罪案件的意见》第一条规定："现场查获的涉案货值或者案件其他情节明显达到刑事追诉标准、涉嫌犯罪的，应当立即移送公安机关查处。"该规定明确了案件移送程序，却忽视了移送过程中行政处罚与刑事处罚的适用问题。同样，最高人民检察院与环境保护部、公安部联合出台的《环境保护行政执法与刑事司法衔接工作办法》（以下简称《工作办法》）中规定，公安机关对涉嫌环境犯罪案件，经审查没有犯罪事实，或者立案侦查后认为犯罪事实显著轻微、不需要追究刑事责任，但经审查依法应当予以行政处罚的，应当及时将案件移交环保部门，并抄送同级人民检察院。但是对于构成犯罪，是否应当追究其行政责任，同样也未明确规定。在上述所梳理的非法采砂案来看，长江流域非法采砂案件基本形成了水利、长江航运公安、海事等部门联合执法机制，在查出案件并发现涉嫌构成犯罪时，通常直接由公安部门立案侦查，甚至都不需要经过行政执法部门的移送程序，所以多数案件并非是移送案件，而是直接由公安部门着手调查的，实践中这一问题也尚未形成清晰的处理方式。

这主要包括行政处罚与刑事处罚适用的两个问题：第一，当非法采砂涉嫌犯罪案件在行政处罚与刑事处罚竞合的情况下，究竟是在案卷移送后审结前，由行政执法机关做出相应的行政处罚❶，还是考虑到在案卷材料全部移送的情况下，让行政执法机关继续做出行政处罚决定较为困难，待刑事判决做出后将案件返还给行政执法机关后再做是否进行行政处罚的决定；第二，行政处罚与刑事处罚的相折抵问题。所谓"折抵"，是指涉嫌犯罪的违法行为在移送司法机关追究刑事责任前已经做出的行政处罚应在随后的刑事处罚中予以抵扣。目前，国内关于两者处罚竞合的问题存在三种主张：①选择适用，因为两者都是公法上的责任，在法的限制与促进机能上是相似的，因而只能两者选择其中一种；②附条件并科，即认为行政处罚与刑事处罚竞合时可以并科，但任何一种处罚执行后，认为没有必要再执行另一个时可以免除执行；③合并适用，该观点认为行政处罚与刑事处罚是两种性质、形式和功能不同的法律责任，这决定了两者适用既不能遵循一事不再理原则，也不能按重罚吸收轻罚的原则。

实践表明当前在刑事犯罪案件中行政执法的状态还处于矛盾状态，行政执法机关对犯罪行为是否应当先行做出行政处罚尚未明确，并且在行政处罚与刑事处罚的适用衔接上未予以明确是否应当抵消或者合并。

---

❶ 在 2017 年湖北省发布的环境执法十大典型案例中，随州市湖北美亚迪精密电路有限公司以逃避监管方式排放含铜废水，构成污染环境罪，被判处罚金，副经理何某某构成污染环境罪，被判处有期徒刑案。2017 年 1 月 20 日，随州市环保局将该案移送至公安机关。2017 年 2 月 14 日，在案件移送后审结前，随州市环保局对该公司作出 53.76 万元的罚款。

### （四）案件移送程序激励机制问题

依照《解释》，非法采砂涉嫌犯罪的，应移送至公安司法机关，不得以罚代刑、罪过放行。但实践中，许多行政机关出于利益考量，包括部门利益在内，移交案件的主动性不够强。前述所收集的司法案例中，即便行政机关对被告作出数次行政处罚，但进入到司法程序均是由公安机关直接介入启动的，非法采砂衔接程序并没有得以很好的落实。目前，除了信息共享机制的不完善之外，主要还缺乏行政执法主体的内生主动意愿，即衔接程序的激励机制。而阻碍"两法衔接"程序的因素中，主要有主观认识上的不足、部门利益的多方考量等。

一方面，行政执法机关对两法衔接的认识不足。水上执法者管辖的领域较为特殊，"三无"船舶非法采砂运砂行为从事的是水上生产、作业活动，相较于陆地而言面临的风险要大很多。因受传统执法理念的影响，导致行政执法机关对从事水上生产、作业的群体监管力度较小，通常对非法采砂运砂行为在处罚时会考虑到经济社会发展和稳定问题，即便造成了严重后果，相关部门也会优先考虑选择行政处罚，而非移送公安机关。不仅如此，行政执法工作人员认为将案件移送至公安机关有分割行政执法权力的嫌疑，对其部门和自身权力造成不利影响，不利于部门今后的工作开展，加之行政执法人员通常不具备专业法律知识，对两法衔接程序的认知不够准确。可以说，行政机关在主观上对于案件移送问题存在认识不全面的情形，一时间要扭转是不容易的。

另一方面，基于对案件移送过程成本，案件移送后损失的成本等利益考量，行政执法机关处理非法采砂案件的"以罚代刑"现象严重。河道采砂管理的相关行政部门通常是涉嫌非法采砂犯罪案件的直接发现者和受理者，然而，非法采砂行为所产生的经济效益十分突出，执法机关容易受利益驱动，可能在其拥有足够优势和较低风险的条件下选择直接处理案件而非移送，避免案件移送后被发现存在行政管理失责而受到追责的情形。如2018年11月，河南省鲁山县非法采运河砂问题被中央环保督察组通报、曝光后，便对负有主体责任的河务、环保、林业和国土等多个部门的28名公职人员启动问责程序。

综上所述，行政执法机关从主观认识上来看就存在着对两法衔接程序认识不足的情形，加之主观意愿受到利益因素的影响，更是不愿意将涉嫌犯罪案件移送至公安机关。这些因素在一定程度上均制约着非法采砂两法衔接工作的顺利进行。

### 四、非法采砂案件移送程序的监督不足

没有监督的权力必然导致腐败，这是一条铁律。两法衔接的实现离不开多元监督的助力，而实际上从内部和外部来看，当前的多元监督并未有效发挥作用，这也是导致非法采砂两法衔接尚存在不足的因素之一。

### （一）内部监督和权力机关监督疲软

按照目前管理体制，长江干线上涉嫌犯罪案件的刑事侦查属中央事权，由长航公安机关统一行使，属于"一条线管理"；长江采砂、防洪安全管理职责由长江委和地方水行政主管部门依职权负责，属于"条块结合管理"；对砂石价值认定的价格认证、司法鉴定机构属于"属地管理"；负责起诉和审判的司法机关属于"属地管辖"。而非法采砂两法衔接程序均关联到上述各个部门，因而只有保证每一个环节的权力正常行使，才有可能使两法

衔接程序顺利进行。

但事实上，基于这种布局导致内部监督体制虚化。一方面，存在多头监督情形。每个部门或机构依照规定履职，但不可避免会存在职能交叉、多头监督的情形，一旦任何一个环节内部监督不足都可能导致衔接程序的中断，例如行政执法机关并不定期对长江某一段河道进行巡视和审查，而此时内部监督机构也不加以督促，那么非法采砂的违法甚至是犯罪行为都可能愈发猖獗。另一方面，存在监督队伍弱化现象。行政执法机关队伍内部监督往往受到其自身队伍素质、责任追究机制的影响，而这将直接导致监督的有效与否。实践中，因为内部监督不到位导致执法人员渎职、贪腐现象时常发生，有的执法人员因利益关系成为非法采砂人员的保护伞，更无从谈河道采砂管理活动。

河道采砂管理权是行政权的重要组成部分，而行政权同样还受到国家权力机关的人大及其常委会的监督，只是当前由于体制、监督机制及监督方法的种种原因，尤其是地方人大监督履职中存在各种问题，如软性监督多，刚性监督少，监督执行检查多，处置制裁少，追究力度不够，且监督重事轻人，多一次性监督，很少对监督进行跟踪调查、回访等。因此，对于具体的行政执法权限的监督出现了滞后和缺失的窘境，无法对非法采砂案件进行深入挖掘，更是助长了执法的肆意性。

**（二）检察机关监督乏力**

检察机关是非法采砂两法衔接过程中最为关键的监督机关，可以说，相比较权力机关对违纪行为的监督，两法衔接内的监督主要以人民检察院为主。我国《刑事诉讼法》第一百一十三条赋予了人民检察院的刑事诉讼立案监督权，而《工作办法》第十二条强调了检察机关对公安机关应当立案而不立案的监督权。

然而，检察移送监督机制仍然存在以下问题：

（1）行政执法向刑事司法移送阶段的监督失灵。此时，检察监督的启动是被动的，需要"有关单位、个人举报或者群众反映强烈"的案件才会进入到检察监督视野，不仅如此，此时检察机关即便发现非法采砂犯罪行为，但需要与行政执法机关的协商和配合方能进一步审查，若检察机关认为应当移送案件时，仅能依照《工作办法》第十四条提出建议移送的检察建议。

（2）犯罪刑事立案阶段的检察监督。当公安机关审查后应当立案而不予立案时，依照《工作办法》规定，环保部门可建议检察机关立案监督，或者由检察机关直接启动立案监督程序。但这个过程中，检察机关对于其"应当立案"的标准达到何种程度尚未明确，毕竟是否立案属于公安机关的裁量范畴。

（3）犯罪刑事立案起诉阶段的检察监督。当案件经过移送、立案、侦查环节后进入到起诉阶段，检察机关将作出是否起诉的最终决定。若案件不予起诉，但应当予以行政处罚的，检察机关应提出予以行政处罚的检察建议。此时，案件返回到行政机关手中，那么检察机关除了检察建议的监督方式之外，缺乏有力的措施监督案件的进一步处理。

可以说，在当前信息共享机制尚未完全建立的前提下，检察机关通常较难发现部分违法情形而导致监督不力。

## 第三节　非法采砂两法衔接的完善建议

### 一、明确非法采砂涉嫌犯罪移送标准

由于非法采砂两法衔接实务工作始终存在着涉嫌犯罪案件移送标准模糊的问题，因此，应立足执法与司法实践，进一步明确衔接过程中的系列标准，便于行政机关移送、公安机关立案和检察机关起诉的程序开展。即除了当前依照《解释》中具体的犯罪行为类型进行认定外，还需厘清以下几点。

（1）明确非法采砂实施处罚的主体。若是不对实施行政处罚的主体加以明确，很可能会导致部分案件无法准确适用《解释》第三条第3款的"两年两次以上处罚"之规定。结合到前述水政综合执法改革，实施行政处罚的情形有两种：①在成立联合执法队伍的基础上，可以认定由相应一级的执法队伍依职权实施的行政处罚即可；②尚未成立联合执法队伍的情形下，应当直接认定被告因"非法采砂"受到两次行政处罚，而有权对非法采砂的违法行为实施行政处罚的主体依照《长江河道采砂管理条例》为水行政主管部门或长江水利委员会，因非法采砂造成其他严重后果，依照其他法律规定应当受到行政处罚的情形则不应属于《解释》第三条第3款的认定范畴。

（2）统一刑事追责数额标准。因行政区域划分导致不同地区出现的刑事追责数额差异，将直接导致非法采砂行为在该地区可能不够入刑标准，而到另一区域则将会进行刑事诉讼程序，有失公平。考虑到长江流域的特性，非法采砂人员往往会利用交界水域游击盗采砂石，若依旧分段管辖，容易造成采砂数额分裂、违法性降低，前述提及区域联动执法机制，可以合并不同区域的非法采砂刑事追责数额，确定统一的价格标准。这里需要强调的是，刑事追责数额标准是严格依照规定来看，但水行政执法部门在移送刑事犯罪案件时，考虑到其对刑事犯罪业务并非完全精通，不应要求其作出准确判断，只需达到刑事立案标准的最低限度即可移送，而具体可以通过制作《涉嫌犯罪案件移送标准指南》进一步量化作为"两法衔接"的工作指引。

（3）砂石价值的认定方法和标准。若是通过销账数额进行认定，应采取以砂的"出水价"而定。原因在于，非法采矿罪是国家对矿产资源和矿产生产的管理制度及其所有权为基础设置的破坏社会管理秩序罪，在考量销账数额时，实际上计算的是破坏矿产资源的价值，包含采砂必要成本和合理利润，但若将运砂船主的费用一并计算在内，则扩大了"销账"对象的价值范围。若采运砂石适用一体盗采模式，则可以用"抵岸价"进行数额认定。若是无法通过销账数额认定，则根据矿产品价格和数量认定，关键在于价格认定的鉴定部门的选择。2018年河北省水利厅与河北省发展改革委印发了《河北省河道非法采砂砂产品价值认定和危害防洪安全审定办法》❶，其中确定河道非法采砂价值由市县价格主管部门承担认定职责的机构依法进行认定。2019年河南省水利厅印发的《河南省河道非

---

❶ 《河北省河道非法采砂砂产品价值认定和危害防洪安全审定办法》第六条：河道非法采砂砂产品价值根据销账数额认定；无销账数额，销账数额难以查证，或者根据销账数额认定明显不合理的，河道非法采砂价值由市县价格主管部门承担价格认定职责的机构（以下简称"承担价格认定职责的机构"）依照《河道非法采砂砂产品方量确定与价值认定规定》的规定认定。

法采砂价值认定和危害防洪安全认定办法》❶ 中确定由省水利厅进行河道非法采砂价值认定，可见，部分省份通过出具价值认定办法的方式以进一步明确砂产品价值的鉴定部门。在依照《解释》由法定机构出具鉴定意见，若是存在鉴定困难，则可依据各省印发的办法申请法定部门进一步认定，由此确保江砂价值鉴定意见的合法性。

### 二、提高两法衔接机制效率

非法采砂两法衔接的起点在于行政执法机关，所谓行政执法，是法律事实的重要组成部分和表现形式之一。水政执法是指国家行政机关将涉水法律规范适用于具体的法律主体的过程，鉴于当前非法采砂行刑衔接所面临的问题，首要解决的问题便是如何促使行政执法权力规范运行。

#### （一）推进水政综合执法改革

2012 年 12 月 7 日，水利部发布《关于全面推进水利综合执法的实施意见》，旨在深入贯彻落实科学发展观，以建立健全权责明确、行为规范、监督有效、保障有力的水行政执法体制为重点，强化专职水政监察队伍建设，相对集中行政执法职能，全面提高行政执法效能，从源头上解决多头执法、重复执法、执法缺位等问题，造就一支廉洁公正、作风优良、业务精通、素质过硬的专职水政监察队伍，切实保障水法规的全面贯彻实施。

目前水政综合执法改革正在各省稳步推进，具体应从以下三个方面入手。

（1）积极建立部门联动机制。前述提及河道采砂管理涉及多部门多环节，这需要积极争取党委、政府支持，协调公安、国土、财政、法院等部门的支持和配合，形成一个部门联动机制。以浙江湖州南浔区为例，其基于水生态文明建设形成了部门联动机制，以区生态建设指挥部为总领导机构，发挥牵头、调动、督查的作用，区水利局、区环保局、区发展改革委等部门协调配合。其中，区生态建设指挥部成立"水生态环境整治"小组，制定总体行动方案，水利局负责工程措施和河道建设等方面，环保局负责监管和督查，发展和改革委负责出台经济政策，制定子行业规划和审批考核。当前，非法采砂执法可以抓住"河长制"这一契机，由各级党政主要负责人担任河长，建立部门联动机制，从突击式治水向制度化治水转变。

（2）建立流域、区域间协调机制。河道通常跨区域分布，尤其是长江省际边界处是非法采砂案件高发地带，为弥补行政区域划分的不足，应建立流域、区域间协调机制，通过经常巡查、定期协商和召开座谈会等形式妥善管理河道采砂行为。例如，在 2019 年落实长江大保护十大标志性战役中，仙桃市与潜江、天门、汉川三地，在省水利厅河道采砂管理局汉江基地统一协调下，开展跨区域河道非法采砂联合执法行动，对汉江河道进行巡查检察，盘查可疑船舶，打击非法采砂行为，其中，由公安、水利、海事等部门组成联合执法组，沿江开展巡查，当日通过该次执法，发现非法采砂船舶 9 艘，扣押 1 艘，进一步加

---

❶ 《河南省河道非法采砂价值认定和危害防洪安全认定办法》第四条："属于下列情形的，由省水利厅进行河道非法采砂价值认定或者危害防洪安全认定，并出具认定意见：（一）省水利厅直接查处的河道采砂违法案件中，需要进行河道非法采砂价值认定或者危害防洪安全认定的；（二）省辖市、县（市、区）水行政主管部门在查处河道采砂违法案件过程中，申请进行河道非法采砂价值认定或者危害防洪安全认定的；（三）公安、司法机关申请进行河道非法采砂价值认定或者危害防洪安全认定的；（四）其他符合有关规定、需要进行河道非法采砂价值认定或者危害防洪安全认定的情形。"

强了对非法采砂的打击力度。

（3）建立行政行为合法性审查制度。加快推进法治机关建设，完善规范性文件制定、长江河道采砂行政许可审批、非法采砂案件查处等工作流程合法性审查机制，做到权力规范运行。以江苏省水利厅为例，在其制定的行政权力事项清单中涉及河道采砂许可1项，非法采砂的行政处罚8项，涉及扣押船舶的行政强制3项以及河道采砂管理费征收1项，并附有明确的设立依据和办理流程。鉴于此，各省可结合自身地域和流域情形制定明确有效的河道采砂管理权力清单，明确综合执法队伍职责权限，集中水利部门或部门间、区域间的执法权限，形成一体化管理。

**（二）加强执法队伍建设**

深入推进水利综合执法，关键在执法队伍建设，主要包括以下四个方面：

（1）组建专职执法队伍。基于实践中，因专门执法人员数量不足，应当考虑设立专项专职人员，形成常规化执法。而目前水政综合执法改革正在稳步推进，通过改革建立专职水政监察队伍，配备配齐专用执法车辆、船只及相关装备，进一步加大巡查力度，实行24小时监管，建立巡查台账记录，能够进一步做到严格执法、规范执法，不断规范河道采砂工作。

（2）加强执法人员专业水平。通过制定执法人员长期培训规划和年度培训计划，坚持从"水利"和"法律"两个方面入手，加强执法队伍能力建设。例如，邯郸市水利局与河北工程大学签订委培协议，由该校教师每周两天对水利系统的82名执法人员进行了为期5个月的成人高考培训，并经成人高考进入河北工程大学水利水电工程专业深造，定向培养具有本科学历的水利专业执法人员。除此之外，还可通过常规法制培训、及时学习最新修改法律法规的专题培训等以提升执法队伍的专业水准。

（3）规范执法行为。通过完善执法队伍内部管理制度，进一步推进水利系统廉政风险防控全覆盖工作。水利部2015年印发了《水利行业廉政风险防控手册（试行）》水资源管理分册，涵盖主要工作流程和关键环节，并罗列了排查主要风险点和防控措施。2018年黄河水利委员会印发了《黄河水利委员会廉政风险防控手册水政管理分册》，各级水政监察机构结合实际，进一步制定了水行政执法工作责任制、水行政处罚裁量标准、重大水事违法案件挂牌督办制度等，规范了水政执法工作。

（4）依托现代信息化技术加强执法信息化建设。因审查环境监测结论、环境影响评价报告等文书对专业性要求较高，因此，对于执法人员应充分依托信息化技术，如通过卫星遥感遥测监控河道采砂，开展数据采集、处理和上线工作，选取重点河段区域定点视频监控，缓解基层单位日常执法巡查人力不足、执法设备短缺的问题，为加强河道内水事活动监管和违法犯罪行为的打击力度提供支撑，以促使水政执法工作的规范化、标准化和现代化。

**（三）完善非法采砂执法信息共享机制**

目前北京、上海、浙江贵州、广东等30个省（自治区、直辖市）建成省级信息共享平台（新疆暂未建成），但主要集中在知识产权领域。针对非法采砂行为，水行政执法部门需要改变以往以人力资源为基础的"人海战术"执法思路，借助已有信息共享平台经验，积极推进水政执法信息化建设，建立起跨体系、跨部门和跨区域的信息共享机制。

（1）确立统一的行政执法共享信息标准。就录入信息范围而言，不应仅局限于移送的案件，应扩大并统一划定信息的录入范围，即行政机关、公安机关、检察机关均应将一般违法案件、涉嫌犯罪案件的处罚、决定和执行信息及时上传共享，便于各机关之间对案件的处理和监督。就录入内容标准而言，一方面，对涉嫌犯罪案件的信息内容进行统一，可录入案件事由、案件基础信息（时间、地点、涉案人员、违法行为、后果）、是否移送、移送理由和依据、相关调查报告等；另一方面，对共享的行政处罚案件信息进行统一，可录入案件名称、案件事实、案件违法行为与后果、行政处罚依据和结果等基础信息。就录入信息时间而言，考虑到案件信息共享的越晚，越不利于刑事侦查部门的立案侦查，影响对犯罪行为人的打击力度。这里可以参照《环境保护行政执法与刑事司法衔接工作办法》第三十四条规定，就一般案件的处罚、涉嫌犯罪案件的立案以及案件处理的各阶段结果自作出决定之日起 7 日内上传信息。

（2）搭建全国性信息共享平台。从平台层级而言，考虑到非法采砂行为的跨区域性特征，信息共享平台的建立应当以省为单位统一建立，同时优先在非法采砂较为频繁的县区级优先建立，确保对非法采砂行政执法信息的实时共享。从机构范围而言，应当纳入与河道采砂管理的各行政执法部门和具有刑事侦查权、监督权的司法部门，具体可以分两步走：第一步，可以由检察机关或政府牵头建立信息共享凭条，将涉及河道非法采砂的主要监管部门纳入到信息共享平台；第二步，待条件成熟后，再逐步扩大至查办和预防职务犯罪、违法违纪、行政处罚案件批复等领域，并推广到所有行政部门。

（3）加强对执法信息的管理。目前，各省均在一定程度上搭建执法信息共享平台，有的省份如江苏省已经走在全国前列，建立起三级（省市县）检察院"两法衔接"信息共享平台，初步实现了行政执法与刑事司法之间的信息共享和工作衔接。接下来就是对执法信息的管理予以加强，尤其是环境资源执法信息的录入、流转、监督，着重提升对数据、信息等分析研判能力。如安徽省于 2019 年 4 月发布《安徽省"互联网＋监管"系统建设实施方案》，在建立常态化监管数据归集共享机制基础上，对各地、各部门执法监管情况开展综合统计、监管事件跟踪等各类分析，并进行可视化展示，为领导决策、政府管理、社会服务等提供数据支持。

**（四）强化非法采砂案件证据衔接机制**

非法采砂两法衔接的证据收集、转化、固定对行政执法机关而言是极具挑战的环节，因为行政法领域所收集与固定的证据材料往往成为刑法上罪与非罪、此罪与彼罪、罪重与罪轻的重要依据。

基于非法采砂证据收集、转化、固定所面临的阻碍，有必要从以下几个方面进一步加强非法采砂案件中证据衔接机制：

（1）提升行政执法证据意识。一般非法采砂案件中许多重要信息均来自当事人供述，信息真实可靠性无法查证，这就有必要在行政执法人力不足的情形下，加强在日常执法中对相关"人与物"的记录。这里对"人"的记录是指船主和雇佣人员的指纹、身份证等相关个人信息，"物"的记录是指对船舶、砂石的信息、价值等相关特征记录。通过对这些细节信息做好记录，即便达不到行政处罚标准，但能够为未来非法采砂案件提供重要的证据支撑，对行政处罚案件的相关人与物更是做好记录，为《解释》中的"两年内三次"条款的实施提供证据。

（2）精细化取证手段与管理制度。当行政证据移送时通常需要进行转化或者刑事司法机关提前介入方能进入到刑事司法程序。2019年12月30日《人民检察院刑事诉讼规则》第六十四条❶规定实物证据（物证、书证、视听资料、电子数据）和特殊证据（鉴定意见、现场勘验、检查、笔录等）在两法衔接过程中，只要这类证据的取证程序是合法的、保管链条是完整的，经检察院审查后可以直接转化为刑事证据使用。但对于言词类证据（证人证言、被调查人供述和辩解、现场询问笔录等）并无明确规定，因为其通常受到陈述主体、取证主体、取证环境的影响而产生极大差异。针对非法采砂案件，行政执法主体需要收集的证据主要有确认违法主体的信息资料、采砂许可证、违法记录、砂石价值等，涉及了前述实物证据、言词证据和特殊证据。这就要求行政执法机关在收集和固定实物证据时注意取证程序的合法性，确保证据信息的准确，特殊证据更是需要严格谨慎，确保以便后续直接作为刑事证据使用，而言词类证据则虽然不能直接转化为刑事证据，但却能为刑事司法机关调查取证时提供信息和突破点，因此，在收集和固定证据时务必规范和精细。

（3）加强与法院的协作。两法衔接机制的本质是行政权与司法权的衔接，但现有关于证据收集、转换、固定的规定仅围绕着行政机关与公安机关、检察机关，在涉及职务犯罪时还需要监察机关的介入，同样需要通过协作确定证据规则。因此，行政机关应当加强与人民法院的协作，就构建非法采砂两法衔接机制的证据标准进行合作，进一步明确非法采砂案件的证据标准，特别是对行政执法阶段的证据如何规范操作予以明确，尽可能以最低成本促进执法公平、司法公正。

**（五）促进行政处罚与刑事处罚适用衔接**

非法采砂违法行为必然会违反河道采砂行政管理秩序，但不一定构成刑事犯罪，反之，凡是构成刑事犯罪的必然以违反行政法律法规为前提。从学理角度来看，有必要厘清行政处罚与刑事处罚之间的关系：

（1）行政处罚与刑事处罚两者不能相互抵消。非法采砂违法行为的处理，不是行为人选择接受哪种处理的问题，而是权力机关履行法定监管责任主动行为，若是触犯刑法规定，同样要承担刑法责任，不能按照责任竞合处理。

（2）行政处罚与刑事处罚不属于一事二罚的情形。结合《行政处罚法》第二十四条和第三十八条规定❷来看，行政违法行为和刑事犯罪行为并不存在任何冲突，也不属于一事

---

❶ 《人民检察院刑事诉讼规则》第六十四条：行政机关在行政执法和查办案件过程中收集的物证、书证、视听资料、电子数据等证据材料，经人民检察院审查符合法定要求的，可以作为证据使用。行政机关在行政执法和查办案件过程中收集的鉴定意见、勘验、检查笔录，经人民检察院审查符合法定要求的，可以作为证据使用。

❷ 《行政处罚法》第二十四条："对当事人的同一个违法行为，不得给予两次以上罚款的行政处罚。"《行政处罚法》第三十八条："调查终结，行政机关负责人应当对调查结果进行审查，根据不同情况，分别作出如下决定：（一）确有应受行政处罚的违法行为的，根据情节轻重及具体情况，做出行政处罚决定（二）违法行为轻微，依法可以不予行政处罚的，不予行政处罚；（三）违法事实不能成立的，不得给予行政处罚；（四）违法行为已构成犯罪的，移送司法机关。对情节复杂或者重大违法行为给予较重的行政处罚，行政机关的负责人应当集体讨论决定。在行政机关负责人作出决定之前，应当由从事行政处罚决定审核的人员进行审核。行政机关中初次从事行政处罚决定审核的人员，应当通过国家统一法律职业资格考试取得法律职业资格。"

二罚的范畴。

（3）行政处罚与刑事处罚分属两种处罚模式，前者通常仅限于财产罚和能力罚，而刑事处罚主要是人身罚，两者处罚执行并不能相互替代。基于此，在行政处罚与刑事处罚的衔接问题上应当严格加以区分，不能以罚代刑，也不能以刑代罚。

在适用程序上衔接行政处罚与刑事处罚，应遵循刑事优先原则，即当同一案件既是行政违法案件又是行政犯罪案件时，原则上应由司法机关按照刑事诉讼程序处理案件，再由行政机关依法作出行政处罚决定。具体而言，在行政执法机关查处非法采砂行为时，认为行为人已经构成犯罪或可能构成犯罪，应及时主动将案件移送有管辖权的司法机关先行处理，并应将全部案卷材料、证据等清单、照片一并移交给司法机关。而司法机关在接受移送案件后，可依据不同情况作出处理：①行为人构成犯罪并已刑罚处罚的，仍需进行处罚的，可建议行政机关依法处罚；②行为人虽构成犯罪，但被免除刑罚的，司法机关应将处理结果告知行政机关，由行政机关依据情况作出决定；③行为人不构成犯罪的情形，应当将案件转交给行政机关，直接由行政机关作出处罚。

在处罚措施的对接方面，应当对两种处罚合并适用。在先罚后刑的情形下，可以采取同种罚相折抵的方式。目前来看，在行政处罚与刑事处罚之间存在着财产罚相折抵的问题。依据《行政处罚法》第二十八条规定来看，罚款应当折抵罚金，且折抵的前提是罚款数额少于罚金。倘若罚款数额高于罚金数额时，则会出现无法折抵的起冲突问题，因此，刑事判决过程中应当综合考量其行政处罚的罚款数额，确保两者相抵的合理性。在先刑后罚的情形下，若是刑事判决已经作出同种类处罚，行政机关在处罚时可以考虑不再作出相同类型的处罚决定，应当结合达到惩罚行为人违法行为的效果作出相应的行政处罚。若是法院免除被告刑罚，行政机关可以考虑给予法定幅度和范围较重的行政处罚。

可以说，非法采砂案件中存在"以罚代刑"，同时也有"以刑代罚"的问题。行政处罚与刑事处罚的关系，实质上是行政权与司法权的关系。关系到行政执法与司法相衔接的重大问题，既是理论问题，也是实践问题。因而，准确划分行政处罚与刑事处罚的适用范围，对做到"罚当其罪"十分必要。

**（六）推进两法衔接激励机制**

两法衔接程序实施不畅很大程度上受到执法人员主观意愿影响。从某种意义上说，行政执法与刑事司法的衔接机制本身就是被衔接的行政机关和司法机关受到激励而改进工作和自我完善的过程。所以，两法衔接程序的有序进行还需要通过合理的激励程序予以推进。

（1）提升行政机关对两法衔接的认识。通过对行政机关工作人员进行常规法制培训、及时学习最新修改法律法规的专题培训等，使其认识到两法衔接的意义与作用，同时，加强与司法机关的沟通与交流，让行政机关打消司法机关会"分割权力"的想法，并朝着互相协作的方向发展。

（2）将两法衔接纳入到行政机关内部绩效考核与奖惩体系。事实上，在两法衔接规定出台之前，行政机关就涉嫌犯罪案件的移送情况实施并不佳，即便后续相关系列法律法规颁布后，两法衔接情形仍然存在各种实践操作问题。在行政机关的财政制度中，其经费除了财政统一拨款外，业务收成也是众多行政机关经费来源的重要组成部分，以至于在实务中，行政机关为了经济利益总是优先考虑采取做出行政处罚的做法。此时，应当考虑将移送涉嫌犯罪案件的工作纳入到对行政机关内部绩效考核与奖惩中，提升行政机关移送涉嫌犯罪案件的主观意愿，否则，在行政机关拥有足够优势和较低风险的情况下往往会选择规避法律，避免给自己增添工作压力，只有通过成本弥补方式，填补行政机关可能遭受的损失，方能激励其积极推进两法衔接工作。

不仅是激励行政机关，社会公众也应当激励对象之一。实践中，多数案件往往是通过公众提供的线索才得以发现，但非法采砂案件涉及人员较多、关系网更为复杂，这致使社会公众举报的意愿和热情在面临社会强势力情形下容易退缩，因此，应尽可能考虑给予提供线索者一定的物质奖励。不仅是提供线索，还能激发社会公众对"两法衔接"程序开展的监督积极性，这也是社会公众参与环境管理的一种直接方式。如永州市政府在2019年4月发布《关于鼓励民间河长对全市非法采砂行为进行举报的公告》，不仅可以针对非法采砂的单位、集体和个人进行举报，还能监督全市范围内河道采砂的工作管理部门。然而，仅是开通举报渠道还不够，应在此基础上考虑一定的激励措施，而且是在确保举报人隐私不泄露的情况下对其进行鼓励。

**三、加强两法衔接机制监督**

非法采砂"两法衔接"程序实现畅通的关键环节在于监督有效。而"两法衔接"问题的本质是行政权与司法权的断裂，从行政执法、行政执法到司法的移送、再到公安机关的立案监督以及不起诉决定的案件返还均存在一定程度上的监督失灵。此时，结合我国现有体制来看，应进一步推进建立重大疑难案件提前介入制度、明确监察机关对"两法衔接"的监督地位及强化检察机关对"两法衔接"的监督权限，以构建有效的监督机制。

**（一）推进重大疑难案件提前介入制度**

提前介入程序是指行政机关行使行政执法权过程中，发现有复杂、疑难案件，涉嫌犯罪的行为人可能逃匿或销毁证据等行为的，申请公安机关、检察机关提前介入到行政执法过程之中的一项制度。在鹰潭市东升砂石有限公司、任地球非法采砂案中，被告为掩盖犯罪事实，交代东升公司员工将会计凭证转移到其家中，直至公安机关介入调查，才将隐匿的会计凭证找回。事实上，当案件过于复杂时，仅依靠行政执法机关进行搜集证据、调查是不够的，这就需要公安机关和检察机关适时介入。因此，有必要对重大疑难案件提前介入的标准和程序加以细化。

这里的提前介入机制主要分为以下几个方面：

（1）达成提前介入的合作意愿。实践中，多数涉刑案件在线索摸排阶段就已经呈现出涉刑的倾向，但因为缺乏提前介入的标准和程序，行政部门或公安机关只能各自调查。行政执法机关应当事先与公安机关、检察机关就提前介入进行磋商，对"重大疑难案件"进行范围界定，明确何种情形下公安机关、检察机关可以提前介入到案件中，同时确定其介入的时间，避免陷入侦查中心主义。

（2）明确提前介入的启动主体。一般来说，行政执法过程中发现的重大疑难案件，其第一手信息都掌握在行政执法机关手中，可以通过行政执法机关商请公安机关，检察机关主动介入的方式进行。2017年1月1日至2018年5月11日，为更好地实现两法衔接，北京市密云区检察院为行政执法机关向公安机关移送涉嫌刑事案件指导达30多次，移送公安机关案件7件，其中立案4件。即行政执法机关提请公安机关提前介入，其可以提供强有力的侦查手段和强制措施，检察机关介入可以发挥其执法监督的作用，起到监督前移的作用。不仅如此，在公安机关发现涉嫌犯罪行为时，也可主动申请行政执法机关介入，毕竟行政机关往往具有更为专业的部门，能够提供必要的技术支持。

（3）多样化提前介入的方式。目前，除了案件研讨、疑难分析之外，还需要探索新的介入方式。行政执法部门与公安部门、检察院均有各自的专业优势，在涉及技术判断、证据固定、涉刑认定等方面应充分发挥各自优势，共同对重大疑难案件进行调查和分析，以最快速度对其完成性质判断，证据移送等系列程序，更好地推进"两法衔接"之开展。

值得注意的是，不论是何主体提前介入均是以信息对称为前提的，因此，在完善重大疑难案件提前介入机制的同时，应当充分与行政执法信息共享机制相结合起来，让案件信息在部门之间达成共享，共同分析，从而推动提前介入机制的运行。

**（二）明确监察机关对"两法衔接"的监督地位**

党的十八届四中全会决定明确指出："必须以规范和约束公权力为重点，加大监督力度，做到有权必有责、用权受监督、违法必追究，坚决纠正有法不依、执法不严、违法不究行为。"而监察机关的监督不仅体现在反腐败斗争方面，更是在环境保护方面也发挥了极大的作用，例如2014年湖南省环保厅与监察厅牵头成立环境污染情况问责调查组，在水污染治理方面取得明显成效。可以说，监察机关对行政执法的监督是关键但却容易被忽视的一环。

我国通过宪法修正案设立了国家监察委员会，负责国家监察工作，省、自治区、直辖市、自治州、县、自治县、市、市辖区均设立了监察委员会。因而，在非法采砂行刑衔接程序中，有必要明确监察机关参与两法衔接监督工作的地位。目前，关于监察机关参与两法衔接的规定仅有《关于在行政执法中及时移送涉嫌犯罪案件的意见》，其他两法衔接文件中并未再提及监察机关的监督问题，导致监察机关的监督也得不到足够的重视，因此，监察机关应当参与到这一环节中，加大对维护非法采砂者的执法人员的监督和问责。一方面，加强监察机关监督程序。一般而言，监察机关获得案件线索是接受群众举报，但由于种种原因，实践中匿名举报效果并不佳，因而，有必要通过备案、抽查、巡查及问责制度的建立以强化监察机关的监督权限。备案是指行政执法机关在将案件移送时应当抄送同级监察机关备案，抽查是指采取随机抽样的方式对备案的案件进行审查，巡查则是针对某一时期某一地区频发的非法采砂行为进行巡查和深入调查。另一方面，落实相应责任。《关于在行政执法中及时移送涉嫌犯罪案件的意见》明确规定了监察机关对行政执法机关查处违法案件和移送涉嫌犯罪案件工作进行监督，但如何进行问责、落实具体责任才是关键。湖南省在湘江治理过程中探索出来的多种问责方式❶提供了一条可资借鉴的思路，即出现了"区域总体环境形势持续恶化，发生重特大环境污染事件的；出现环境敏感问题时处理不当，引发危及稳定的群体性事件的；国家和省里下达的主要污染物总量减排任务没有完成，导致国家对我省实行区域限批的；对国家和省委省政府有关生态文明建设和环境保护

---

❶ 问责形式共可分为三个层次十余种：一是对单位综合性评先、评优，以及主要负责人、分管责任人提拔重用予以否决；二是对单位给予经济制裁和建设项目区域限批，对领导班子及领导干部通报警示、约谈等；三是对有关责任人追究党纪、政纪和法律责任。

工作执行不力，情节严重的"的情形即可启动问责程序。非法采砂两法衔接程序中可适当参照这类方式明确具体的问责启动条件和问责方式，例如非法采砂造成何种程度破坏应当启动问责以及问责程序启动、调查的主体、程序和权限等。

**（三）强化检察机关对"两法衔接"的监督权限**

除了监察机关，检察机关更是非法采砂"两法衔接"的主要监督者。前述提及重大疑难案件提前介入机制，这是检察机关直接参与到非法采砂行刑衔接的方式之一。但检察机关基于国家法律监督者身份，其对非法采砂行刑衔接的监督是全过程的，即从行政执法阶段到移送，再到立案阶段均应依法进行监督。

（1）实现检察机关的全过程监督。前述提及的两法衔接信息共享机制、提前介入机制、证据衔接机制等均为检察机关在行政执法阶段便提供了有效途径，使非法采砂案件执法过程进入到检察监督视野，并应在此基础上，进一步明确检察机关对于应当移送而未移送的案件发出检察建议、纠正违法通知书等权限，使其具有刚性手段，提升监督效果。在刑事立案阶段，检察机关认为公安机关应当立案而不立案时，应依照《人民检察院刑事诉讼规则》第五百六十条和第五百六十一条❶规定通知公安机关说明理由或者立案。若是案件移送至检察机关后，其作出不起诉的决定时应将案件返还行政执法机关手中，并对其执法状况进行跟踪，确保案件得到及时处理。而在整个衔接工作中出现严重的渎职失职行为，涉嫌玩忽职守罪、徇私舞弊不移交刑事案件罪等犯罪的，检察机关应及时追究刑事责任，保障非法采砂两法衔接机制长效、规范。

（2）与检察公益诉讼制度相衔接。2017年，检察公益诉讼制度通过《民事诉讼法》和《行政诉讼法》得以确立，其中，检察机关能够针对行政机关违法作为或不作为提起公益诉讼，继而发挥其监督作用。在非法采砂行刑衔接程序中，检察公益诉讼应当与检察机关的监督工作相衔接，具体来说，要明确检察机关提起公益诉讼的具体条件，即对非法采砂犯罪产业链各环节的人、财、物有法定监管职责的部门推进行政公益诉讼，避免仅仅是对水行政机关提起诉讼，从而将行政公益诉讼作为监督行政机关依法履职的法律手段。

（3）促使检察监督与人大监督的衔接。由于人大监督的制度设计原因，其对两法衔接程序的监督显得有些力不从心，但依据宪法及相关法律规定，检察机关可以通过专项工作报告的方式向本级人大常务委员会反映"两法衔接"工作中存在的突出问题，由其作出进一步决定。

总的来说，在促使非法采砂行刑衔接工作过程中，应当探索建立由监察机关作为专门调查机关，检察机关作为法律监督者和公益代表者进行全过程监督，人大监督作为补充方式，以促使我国对非法采砂行刑衔接工作的全方位监督实现。

---

❶ 《人民检察院刑事诉讼规则》第五百六十条：人民检察院要求公安机关说明不立案或者立案理由，应当书面通知公安机关，并且告知公安机关在收到通知后七日以内，书面说明不立案或者立案的情况、依据和理由，连同有关证据材料回复人民检察院；

第五百六十一条：公安机关说明不立案或者立案的理由后，人民检察院应当进行审查。认为公安机关不立案或者立案理由不能成立的，经检察长决定，应当通知公安机关立案或者撤销案件。人民检察院认为公安机关不立案或者立案理由成立的，应当在十日以内将不立案或者立案的依据和理由告知被害人及其法定代理人、近亲属或者行政执法机关。

**【教学案例 7 - 1 解析】**

该案中，被告非法采砂行为是否应当移送至公安机关，具体要看是否达到非法采矿罪的刑事立案标准最低档。首先应确定的是被告非法采砂的砂石价值，依据最高人民法院、最高人民检察院《关于办理非法采矿、破坏性采矿刑事案件适用法律若干问题的解释》第二条和第三条之规定，未取得采矿许可证，擅自开采国家保护性的矿产，开采价值达到 5 万至 10 万元，就涉嫌构成非法采矿罪。而被告非法采砂涉案江砂价值为 1051400 元，属于"情节特别严重"，严重超过非法采矿罪刑事立案标准最低档，应当立即移送至公安机关。

而在铜陵市义安区水利局执法部门查获胡某某时，对其非法采砂进行调查，并由铜陵市义安区长江采砂管理办公室做出行政处罚决定。依据《人民检察院刑事诉讼规则》第六十四条规定，在水利局执法过程中所收集到的实物证据（物证、书证、视听资料、电子数据）和特殊证据（鉴定意见、现场勘验、检查、笔录等），只要取证程序合法、保管链条完整，经检察机关审查后可以直接转化为刑事证据使用。而言词类证据（证人证言、被调查人供述等）原则上应当由公安机关重新调查取证，确保被告人供述与证人证言之间相互印证。

在行政处罚与刑事处罚适用衔接方面，首先，行政处罚与刑事处罚两者不能相互抵消。非法采砂违法行为人因同一行为违反行政处罚法和刑法规定的，应当同时承担行政责任和刑事责任，不能依照责任竞合处理。因为行政处罚与刑事处罚的目标和作用并不相同，除非法律有明文规定，两者不能相互替代或吸收。其次，在先罚后刑的情形下，可以采取同种罚相折抵的方式。依据《行政处罚法》第二十八条规定：违法行为构成犯罪，人民法院判处拘役或者有期徒刑时，行政机关已经给予当事人行政拘留的，应当依法折抵相应刑期。违法行为构成犯罪，人民法院判处罚金时，行政机关已经给予当事人罚款的，应当折抵相应罚金。基于被告胡某某已经受到行政罚款 30 万元，故而在刑事处罚量刑时应综合考量，对其作出罚金抵消或者免除的决定。

**【教学案例 7 - 2 解析】**

该案中，王某某是否构成玩忽职守罪和徇私舞弊不移交刑事案件罪，这里重点讨论徇私舞弊不移交刑事案件罪。

关于王某某的行为认定，主要从以下几点入手：首先，王某某属国家机关工作人员，符合徇私舞弊不移交刑事案件罪的主体要件。王某某任桐柏县水利局副局长，自 2013 年 5 月以来分管本单位法制股、河道站等工作，法制股负责全县河道采砂管理工作，查处水事案件。依据《长江河道采砂管理条例》第十八条规定，县级以上地方人民政府水行政主管部门或者长江水利委员会有权对违法采砂行为依职权作出处罚。其次，应当将涉嫌犯罪案件移交给公安机关而未移交。王某某负责河道采砂管理和查处违法采砂案件等工作，在对徐某非法采砂行为可能达到非法采矿犯罪刑事追诉标准的情况下，仍然篡改其执法记录中的采砂数量，编造采砂价值低于追诉标准的虚假事实，以行政罚款 2 万元草草结案，王某某应当移送案件而未移送。最后，王某某行为致使公共财产、国家和人民利益遭受重大损失。本案中王某某的纵容使得徐某长期持续违法采砂，造成国家矿产资源直接损失 72144 元，故应当认定其行为已经构成徇私舞弊不移交刑事案件罪。

而王某某行为背后的原因是多方面的，主要有以下几点：第一，部门联合执法及信息共享不畅。本案中，依据《河南省河道采砂管理办法》等规定，打击河道非法采砂行为除水利部门外涉及国土资源、公安、安全生产等部门联合执法问题，但这些部门间没有建立有效的联动执法机制，更谈不上信息共享，导致徐某非法采砂行为是否达到刑事追诉标准无从得知。第二，两法衔接程序的激励机制的缺乏。本案中，由于办公经费问题未及时对非法采砂价值进行鉴定，导致王某某直接篡改其采砂价值认定，将该非法采砂案件随意处置并结案。第三，行政执法领域两法衔接程序缺乏监督。水利行政执法部门长期存在的行政执法不规范，却并没有相应的监督机关介入其中，对两法衔接程序进行全方位监督，故而未能及时有效的查处制止非法采砂行为，给国家和人民利益造成重大损失。

因此，为避免行政执法人员徇私舞弊，对依法应当移交司法机关追究刑事责任的案件不移交，应迅速推进水政综合执法改革，建立跨部门跨区域的联动执法队伍，增强执法队伍能力；将两法衔接纳入到行政机关内部绩效考核与奖惩体系，促使行政机关严格依法移送涉嫌犯罪案件；面对非法采砂复杂疑难案件，可推进公安机关、检察机关提前介入制度，加强对行政执法领域的两法衔接程序之监督，明确监察机关的监督权限，加大对维护非法采砂者的执法人员的监督和问责。

**【思考题】**

7-1　什么是两法衔接？非法采砂两法衔接程序包含哪些主体？

7-2　联合执法主体如何收集、转化、固定非法采砂证据？

7-3　我国河湖长制对非法采砂两法衔接程序有哪些影响？

# 参 考 文 献

［1］ 鄂竟平. 工程补短板行业强监管奋力开创新时代水利事业新局面：在2019年全国水利工作会议上的讲话（摘要）［J］. 中国水利，2019（2）：1-11.

［2］ 李永健. 河长制：水治理体制的中国特色与经验［J］. 政治与法治研究，2019（5）：51-62.

［3］ 朱德米. 中国水环境治理机制创新探索：河湖长制研究［J］. 南京社会科学，2020（1）：79-85.

［4］ 吕忠梅，陈虹. 关于长江立法的思考［J］. 环境保护，2016（18）：32-38.

［5］ 中华人民共和国水利部. 第一次全国水利普查公报［J］. 水利信息化，2013（2）：64.

［6］ 沈满洪. 河长制的制度经济学分析［J］. 中国人口·资源与环境，2018（1）：134-139.

［7］ 赵丹丹. 协同治理视角下的河长制研究［D］. 郑州：郑州大学，2018.

［8］ 李轶. 河长制的历史沿革、功能变迁与发展保障［J］. 环境保护，2017（16）：11-14.

［9］ 潘田明. 浙江省全面推行"河长制"和"五水共治"［J］. 水利发展研究，2014，14（10）：35-35.

［10］ 张建波，韩飞. 无锡首创的"河长制"将在全国推广［EB/OL］.（2016-11-04）［2020-07-10］. http://news. eastday. com/eastday/13news/auto/news/csj/20161104/u7ai6174010. html.

［11］ 姜斌. 对河长制管理制度问题的思考［J］. 中国水利，2016（21）：6-7.

［12］ 周建国，熊烨. "河长制"：持续创新何以可能：基于政策文本和改革实践的双维度分析［J］. 江苏社会科学，2017（4）：38-47.

［13］ 朱玫. 论河长制的发展实践与推进［J］. 环境保护，2017，45（Z1）：58-61.

［14］ 杨惠基. 行政执法概论［M］. 上海：上海大学出版社，1998.

［15］ 胡平仁. 法律政策学的学科定位与理论基础［J］. 湖湘论坛，2010（2）：26-29.

［16］ 张坤民，温宗国，彭立颖. 当代中国的环境政策：形成、特点与评价［J］. 中国人口·资源与环境，2017（2）：1-7.

［17］ 水利部黄河水利委员会. 强化河湖监管创新工作举措 全力推动流域河长制实现有名有实［J］. 中国水利，2019（11）：7-8.

［18］ 刘超. 环境法视角下河长制的法律机制建构思考［J］. 环境保护，2017（9）：24-29.

［19］ 江震. 辽宁省河湖执法实践与思考［J］. 水利发展研究，2019（8）：30-32.

［20］ 史玉成. 流域水环境治理"河长制"模式的规范建构：基于法律和政治系统的双重视角［J］. 现代法学，2018，40（6）：96-110.

［21］ 黎国志. 行政法词典［M］. 济南：山东大学出版社，1989.

［22］ 蔡菁. 行政侵权损害国家赔偿［M］. 北京：群众出版社，2006.

［23］ 于淑坤. 浅析对水行政处罚自由裁量权的有效控制［J］. 江苏水利，2009（7）：36-37.

［24］ 曲鸿鹄. 浅析水行政执法存在的问题及对策［J］. 吉林水利，2018（7）：59-62.

［25］ 周佑勇. 行政法基本原则研究［M］. 武汉：武汉大学出版社，2005.

［26］ 叶必丰. 行政法的人文精神［M］. 武汉：湖北人民出版社，1999.

［27］ 张如旭，焦松山. 水行政处罚程序浅谈［J］. 河南水利与南水北调，2012（16）：203-204.

［28］ 胡延广，窦竹君. 行政裁量法律控制研究［J］. 河北法学，2005（8）：119-123.

［29］ 左顺荣，戴蓉，汤云，等. 运用"双罚制"实施水行政处罚的法律思考［J］. 水利发展研究，2012，12（4）：68－72.

［30］ 章剑生. 行政行为说明理由判解［M］. 武汉：武汉大学出版社，2000.

［31］ 邱丹. 行政案卷排他性规则研究［M］. 广州：广东人民出版社，2011.

［32］ 纪金彪，李鹏. 从司法改革角度探讨水行政执法体系改革［J］. 水利天地，2014（5）：10－11.

［33］ 岳恒，李晶，李政. 浅谈深化水利行政审批制度改革的措施［J］. 水利发展研究，2004（12）：24－28.